你不拼搏，谁也给不了你想要的生活

struggle

简浅 著

民主与建设出版社

图书在版编目（CIP）数据

你不拼搏，谁也给不了你想要的生活 / 简浅著 . -- 北京 : 民主与建设出版社 , 2017.10（2024.1 重印）
ISBN 978-7-5139-1720-9

Ⅰ . ①你… Ⅱ . ①简… Ⅲ . ①成功心理－通俗读物 Ⅳ . ① B848.4-49

中国版本图书馆 CIP 数据核字 (2017) 第 239229 号

你不拼搏，谁也给不了你想要的生活
NIBUPINBO SHEIYEGEIBULIAONIXIANGYAODESHENGHUO

出 版 人	许久文
作 者	简 浅
责任编辑	刘树民
封面设计	胡椒书衣
出版发行	民主与建设出版社有限责任公司
电 话	（010）59417747 59419778
社 址	北京市海淀区西三环中路 10 号望海楼 E 座 7 层
邮 编	100142
印 刷	三河市华润印刷有限公司
版 次	2017 年 11 月第 1 版 2024 年 1 月第 2 次印刷
开 本	880 mm × 1230 mm 1/32
印 张	10
字 数	200 千字
书 号	ISBN 978-7-5139-1720-9
定 价	38.00 元

注：如有印、装质量问题，请与出版社联系。

●○

我愿你是活得潇洒精彩的人，

别沦落到中年时热血已凉，

回忆年少轻狂的梦，

独自黯然神伤！

写给每一个站在青春十字路口的你

序 //

如果我还觉得苦，那就吃一颗糖 //

写这本书的初衷无非是：愿世间多一些温暖的梦想与坚强。

当我越年长，我就越恐慌于时间的飞速流逝，总怕来不及，来不及做完我想要做的事，来不及去所有我想要去的地方，也怕来不及去拥抱最值得拥抱的人。

整个 2016 年，我将生活加速到过往几年的数倍，跑得很快，很累，得到了很多年少时只敢想想的东西，却未曾满足过，也失去了一些人、一些东西，却也没有太伤心过，随它去吧。

近三四年的生日，都像被套上了魔咒，在生日来临前后，我都会感觉自己失去了什么。今年也一样，可我好像和降温的上海一样，无论多冷，照常运转。

我把离开与失去看得很淡了，并不代表我无所谓有人离开，无所谓失去什么，而是我开始明白，是所有经历定义了我，所以，随它去吧。

有一天，我在浦东机场，领完去北京的登机牌，找了家机场内顺眼的餐厅，吃了晚餐。就餐时，我看向那一排排座位，想起读大学时坐飞机，常常在浦东机场中转，那么多次路过上海，未曾料到毕业后，真能来到这座我最喜欢的城市。

我当然爱上海啊，爱它的璀璨，爱它的冰冷，爱它的包容，爱它的无情。

一眨眼，几年过去了，我慢慢在这座城市有了几个固定的朋友圈，有几家爱去的清酒吧和餐厅，有几条闲来无事爱去逛逛的街。我想，这里真好，无论是生活还是工作，都会让你明白，你永远那么渺小，所以不敢停下。

刚工作时，我面对这座城市显得过于稚嫩，空有一腔孤勇，遇见什么突发事件都手足无措，像极了受惊的小绵羊，在面对当时我无法理解的隐瞒和欺骗时，我又像极了蜷缩的小刺猬，总之，不安分也不沉稳。

后来，好像所有人都习惯了我理性坚硬的模样，我总是语速极快、忽冷忽热，他们说：真不知你是经历了什么，才会像这样面对什么都那么冷静，真想看看你如今情绪崩溃的样子，难以想象。

每当听到这番不知算不算夸赞的评价时，我总想起我初来乍到时，数次站在上海街头迷惘无助的样子。

有时候，我也不敢相信，真的才只过去两年吗？

当然仅仅过去两年。

去年感恩节，我和好久未见的朋友见了面，是她形容我像小绵羊，也是她形容我像小刺猬。她说，看见我刚工作时怯生生的样子真像只温顺的小绵羊，她也说，看见我冷漠回应“我不需要你任何理解时”像极了自我保护的小刺猬。

我们细数一年前的误会和矛盾，再谈起时，都一笑而过。再算算时间，我们也仅仅半年未见，她说：你真的比以前沉稳了太多。

她拿出礼物，说：生日快乐。

我接过礼物，想起一年前好像也是如此，在一张餐桌前，她将礼物递给我，说生日快乐。忽然间，我想起很多因误会和矛盾彻底断交的人，也许以后，我们也能找个适合感恩的节日，坐下来，聊一聊当年的幼稚与无知，饮一杯酒，冰释前嫌。

直到出书了，我才意识到，这么快，一眨眼，两年过去了。我实现了好多目标：2015 年我想着我要有个万人关注的自媒体，我要出一本书，我要做一份更喜欢的工作；2016 年，有了个几十万人关注的自媒体，有了本已经卖加印的书，换了份不轻松但挺喜欢的工作。2017 年，我辞掉了安稳的工作，开始全身心创作，生活有了新的开始。

如我所料，每一个目标实现时，我都不像以前，只会欣喜若狂，只会暗自欣慰，而是再默默定下一个目标。

当我再抬起头时，我猛然发现，我不是孤身一人了，身边有太多人投来赞扬和欣赏的目光。你们知道我的，我不会让你们失望，永远不会。

也许我也曾让你失望过，可能是你误解我，或许是我误伤你，但随它去吧！希望我们再相遇时，我们都是全新的，过去的不开心，化作一杯酒，一饮而尽。

去年生日，我选择来北京过。2016 年，我来了 4 次北京，每一次来的原因竟完全不同。

现在我很爱北京，和我爱上海的程度差不多。

我想起去年 5 月初，我满心烦忧，买了张凌晨的机票，飞去天津，次日去了北京。第一次去北京时，我便爱上了那座城市，朋友带我去南锣鼓巷，去后海，第二日，去故宫，去五道营胡同，在陌生的城市里穿行时，我有那么一瞬间，不想回上海了。

我承认，那段时日，过得太过煎熬，低血糖频频爆发，心理也极度焦躁，对未来对人生对规划都模糊到看不清。那次旅游，其实让我收获了另一个故事，不过，在这篇文章里，便不再提了。

后来，6 月，9 月，还有 11 月的生日，我都来了北京，每一次的感受都不一样。虽然我还是会被北京的雾霾天吓到，但还是爱这儿的文化和氛围。

我从未想过，会在 24 岁这一年，除却上海外，在北京也收获这么多故事，认识那么多朋友。时间还长，故事还可以继续讲，还有太多朋友，等我下次来，我们再叙叙旧，或者，我在上海等你来，喝几杯酒，谈人间烟火，谈纸醉金迷，谈梦实现时的欣喜，谈梦破碎时的寂寥。

细数 24 岁这一年，2016 年真是我目前人生中最特别的一年，它是一个节点，让我脱胎换骨般地成长，让我又哭又笑着狂奔。

我从 2014 年初起一直在寻找着什么，我将其定义为“残缺”，我寻找如何将其完整，我总觉得自己缺失了什么，拼了命想找回来，可苦苦找不到。

我该怎么形容，那种想要信任人又不敢信任人的内心挣扎呢，那种想要爱想要被爱可又怕得要死的痛楚呢？那种明明在乎那么多偏偏心狠嘴硬把身边人一一推开的分裂呢？我用了很多种方式，想要把前几年丢失的我也不知道的什么给找回来。

到了 2017 年，我变得更理性了，变得更沉稳了，也终于换来数次“没想到你这么年轻”的评价。遗憾在于，在 2016 年的四分之三，我还是沉陷在“残缺”与“完整”的困扰中。我甚至一度想过要不要找心理医生，我不敢和人说我有多煎熬、压力有多大，想着我装作无所谓的模样，装成坚硬到无人可摧毁的外表，再表现得温柔随和，装久了，就会成真吧？

去年生日前，发生了不少事，我很平淡地过，一如往常地活。朋友说：好好照顾自己，要记得，你不是机器人。我笑，回答：我宁可我是机器人。

在去年的整个 10 月，我都在低潮期中。这也是 2016 年第二次低潮期，竟让我从那种困扰中走了出来，我终于突然醒悟，如大梦初醒。

我完整了。

我会更爱这个世界，我会继续做更温暖更强大的人，如我曾一次次倔强地对你们说：我一定守护内心绝不可以被弄脏的地方。

我松了口气，空荡荡的内心总算暖和了些，我终于不用再忍受这份心理煎熬了。回过头看，我没有找到那个可以让我完整的人，始终都没有，我用了三年，失去了无数人无数事，在无数个夜晚困惑苦恼，在孤独中不断徘徊，最终在快 25 岁时，大彻大悟。

是我完整了我自己。

我感谢生命里遇见的每个人，无论是我爱的还是爱我的，无论是我恨的还是恨我的。

前些日子，我开始变得有些丢三落四，丢过钱包、卡、车票，结果全都失而复得，我想我是好运的人，才没有真正失去。我又想，或许是最近大半年我一心从善，才能换得这些好运。

我笑，东西丢了再回来会让人欣喜，弄丢的人，再回来呢？三四年前，有人离开我，我会感到伤心欲绝，如今仅会觉得很惋惜，但该走的路，我知道，“你”在不在我都会走下去。

人一旦有了目标，会变得格外理性。

也会有那么几个瞬间，我让感性征服了理性，也仅仅是瞬间罢了，我太清楚我想要什么，所以不伤春悲秋。

我想更善良些，更谦卑些，更能看见世间的美好，可以做更多人的太阳。

我会记得全部，慢慢回忆，一一记录，一如既往不管不顾往前跑。路过无数风景，有些我匆匆一瞥，有些我驻足留念，无非是相处时间长与短罢了，我终归会离开。

在我到达终点前，我会累，我会生病，会在跑得喘不过气时，停下来，看看风景。我想看的风景，绝不会是途中美景，所以我不愿再感伤了，生活已经让人那么疲惫了，如果疲惫之余我无法享受欢愉，而是沉溺悲伤，我会认为我活得太不幸。

而我，不会是不幸的那个人。

去年，是我的本命年，我实现了太多梦想，收获了太多成果，走过了很多地方，看见了无数美丽风景，认识了很多有趣的人，经历了好多特别的故事，最重要的，我终于找到了我三年来都在苦苦寻找的“完整”，我终于敢承认我也会脆弱也会痛苦也会不舍也会害怕也会疲倦，我终于与自己握手言和了。

让我满怀爱意去拥抱美好的世界，去拥抱你，我说过的，我会和你一起走上顶峰，瞧一瞧风景到底有什么不同。

如果我还会觉得苦，那我会吃一颗糖，你也是。

目录
contents

Chapter 1
别让 5 年后的你，瞧不起现在的自己

Chapter 2

你最努力的那一年，是你人生最美好的一年

Chapter 3

很多人都忘却了年少的梦，活成了曾经讨厌的模样

Chapter 4

大多数怀才不遇，多半是无才不遇

Chapter 5

请舍弃你 90% 的社交和非必要之物

Chapter 6

学会极简主义生活方式，你会过得更好

Chapter 7

你没坚持过，哪配得上成功

Chapter 1

别让 5 年后的你，瞧不起现在的自己

别让5年后的你，瞧不起现在的自己

昨晚和朋友吃饭时，他问我——

“你为什么要这样努力呢？”

我说：“我害怕我未来身边都是一群我最厌恶的人，也害怕自己活成那样，爆着粗口，恶俗的审美和爱好，成天宅在脏乱的破出租房里，油腻着头发看A片，永远眼光那么狭窄。”

我不允许自己活成那个样子。

1

前些日子，我问一个相识12年的朋友：

你最努力时，到什么程度？

她说：“准备GMAT的时候每天早上5点起来，从没有睡过一天懒觉。都大四了，不好意思再伸手向家里要钱，为了GMAT

考试的钱，即使是冬日也晚上7点去当家教赚钱，回来后继续学习，刷数学题刷到一两点。如果累了，就百度关键词，搜搜激励人的电影和歌。”

她最后说：“累到不想和任何人说话，只想达到目标。”

后来，她如愿以偿，考取了美国的研究生。

我想起我们刚大一时，她说很厌恶自己浪费时光，到了周末就宅在宿舍看片，想寻求改变，印象蛮深刻的是，她那时就说想去美国留学。

时隔5年，她告别了厌恶的自己，更重要的是，她成功实现了当初的目标。

我期待5年后的自己是这样的——

白天是互联网精英人士，说流利的英语，干练地把事情一件件解决，任何时刻都保持着脑袋高速运转，冷静，理性，专业，高效，甚至不近人情。

夜晚是一名高产作家，会写动人的故事让人潸然泪下，也会写热血的情节使人燃烧沸腾，书架上，有一栏摆放着我出版的书和各类样刊。

还有很多很多的梦，以上只是两个，我知道很难，但我会拼了命去实现，即使可能会失败，但我不能不去努力。

你还记得你5年前的梦想吗？

2

我记得我5年前的梦想。

高中毕业，我对高中最好的哥们儿说："上大学后，我要成为最好的创作者，每星期在国家级报刊上都要有至少一篇文章，我还要写很多歌，甚至拍微电影，当然最重要的是在大学时期出一本书，并且像韩寒一样在博客上发声，有很多很多人被我影响。"

5年过去了。

每周都能在国家级报刊上发表文章，我终于在毕业前做到了，剩下的呢？

我时常沉默，想起18岁的自己，为何有勇气那么大声说出自己的梦想？

我高中时写了七十多首歌，我把曲谱整整齐齐誊写好，放在家里，坚信自己能成为一名优秀的词曲创作者。但，我好像最近一两年都没怎么碰过琴了。

其实我上大学时荒废过一段时间，那一年我都泡在酒吧里，成天茫然，成天无所事事。如今回想起来，那是我最痛恨的一年，如果那一年我能如最近两年这样拼命，我会不会早点实现自己的梦想呢？

太晚了。真的太晚了。

如今，我终于看见实现当初年少轻狂的梦的苗头，也许过程并不会顺利，但好歹，让我在第5年的尾巴上，对得起5年前那个少年做过的梦、说过的话。

我在年少轻狂时说过的大话、吹过的牛不止以上这些，还有很多很多很匪夷所思的想法，而5年后的我，铁了心要将说过的大话、吹过的牛一一实现。

不然，我真的会瞧不起自己。

3

我不能再浪费一点点时间了。

我总想起5年前的自己，那个不知天高地厚的少年，纵使时光的力量如此强大，让如今的我和5年前完全不同，性格从一个极端扭向另一个极端，但，不管性格如何变化，我都很清晰记得我内心始终沸腾的东西。

我曾这么写过——

“别管别人如何评价你想要的生活，我的生命如果不能创造些什么，我只会觉得自己白活了一场。”

把想做的事情一件件完成，对于我而言，实在太重要。

不要把梦想的破碎都怪罪到时间上，更不要怪罪到现实上。从来都不是时间的问题，是敢不敢放手去做的问题，所以热爱的事情一秒也不要耽搁。

更不是现实的问题，如果你只是因为害怕现实残酷就悄然放弃，那是因为你根本不热爱你的梦想，把现实当作挡箭牌来耍赖撒娇。

很遗憾，你过了耍赖撒娇的年纪。

5年，真像一个轮回。我在慢慢实现曾经说过的话，有些晚了，我很懊悔，我不能让下一个5年继续懊悔。

我要把全部的精力都投入到我所热爱的事情上，不耽搁一秒钟。5年前，有太多人说我痴人说梦，5年后，我依旧痴人说梦，但梦一定能成真。

我更为醒悟的是——

我并不需要他人的认可，也不是在做什么证明自己，我只是热爱，且一定要把热爱的事情一件件完成，如此简单。

我要成为我想成为的人啊，所以，一切阻碍我实现目标的事情，我都要狠下心来断绝。

这是我心里的另一个世界，我不允许任何人践踏，我有守护它的决心。

无论你是否满意自己的现状，都要牢记——

别让5年后的你，瞧不起现在的自己。

人生像开了挂的人，大多经历过比死还绝望的日子

我曾很羡慕过一个人，是典型的“别人家的孩子”。

她美得出奇，很多人都曾质疑她空有一张皮囊，可只要和她坐下来聊聊天，便能发现她很有内涵，学历高，脾气好，见识广，大三出书，大四出画集，如今自己单干，每月收入让不少白领都咂舌。

她的人生简直像开了挂，对她来说，似乎没有忧愁和绝望一说。

我最近在准备我的新书，想以她为原型写一篇故事。上上周我与她见了面，几个小时聊天后，我渐渐沉默：没想到她经历过如此痛苦的事情。

她说：那两年，我天天想死，过着比死还绝望的日子。

我看着她，她的一颦一笑都美得如世间绝迹的画，举止投足都优雅得恍若一首诗，未曾料到，她的心脏也曾伤痕累累。

1

不少人都以为她是富二代，实际上她出身贫寒。她说：中学时，我只穿校服，因为校服是我最好看的衣服，到了暑假，我请求老师让我继续住校，因为这样能够省下回家的路费，还可以在假期里打工挣些钱。

如今，她可是买一个几万元的包眼睛眨都不眨的女孩。

贫穷不是让她最痛苦的事情，最糟糕的，莫过于老家村民的非议，以及同学们的排挤。越是贫穷落后的地方，越是对女孩有偏见，在她所在的村子里，女孩读完高中的只占到10%，能上大学的则寥寥无几，甚至考上了家里也没钱给她们读。

她说：之所以暑假不回家，除了能挣些钱外，更是能避开村民的恶言相向。

言语，是能杀死人的。我见过很多人，在童年时，因为教师、父母、长辈们的不当言论，留下一辈子的心理阴影。她最后一次回家，是大一过年时，因为家里借钱给她交的学费还不上，大年三十晚上，父亲的头被讨债人按在地上，满脸黄土。为了区区几千块，那几个人甚至说让她去陪睡还钱，若不是母亲拿着菜刀冲出来，那个晚上她真有可能被拖走。

好好的过年，一家人都在眼泪中度过，最后，父亲红着眼说：求你别读书了，再读下去，我和你妈都会死的，我们没钱，也借不到钱了，更还不起钱了。

大一下学期，她都在拼命打工，受过很多委屈。为了赚钱，她也去过酒吧当服务员，有天晚上被喝醉的客人骚扰，店经理也不帮她，她吓得拿啤酒瓶砸了客人的头，险些坐了牢。

她和我说起这些时，眼睛都没有红，我却听得扎心。

人生究竟要经历多少苦难，忍受多少折磨，才能磨砺出我们期待的模样？

不管经历多少苦难和折磨，你一定要期待，一定要坚持，因为它会比你想的更美。

2

我为什么总是告诉你千万不要放弃努力，不是害怕你输，而是害怕你输不起了。

绝大多数人的一生都平平淡淡地活，没有惊心动魄的故事，没有艳惊四座的成功，自然，也不会有比死还绝望的人生。我之所以要让你努力，并不是要求你一定也要像开了挂般，获得让大多数人都羡慕的成绩，而是让你拥有抵抗生活磨难的底气。

有句歌词叫：死不了就还好。

我总想起那些站在光环中的人，不敢想象，他们究竟经历过多少痛苦，才能拥有笑对一切的底气。

如果我和你说，有个作家拿过鲁迅文学奖、老舍散文奖、华语文学传媒大奖等国内顶级文学奖项，你会认为这是怎样的作家？你一定会认为：他在文学上的成就，简直是开了挂，人生估计也不会差。

这名拿下无数文学奖的作家叫史铁生，自称职业是生病、业余在写作的作家。

我在阅读他的《我与地坛》时，被他的描写所震撼，我时常在想，人生如此痛苦的一个人，是拥有怎样的勇气和毅力，拿出纸笔，一页页写作。

他 1972 年瘫痪，1981 年患肾病，1998 年被确诊为尿毒症，需隔日透析，才能活下去。有多少人能忍受这样的痛苦？史铁生在痛苦中活着，写下一篇篇经典作品，直至逝世。

通过他的文字，我们也没有勇气说出“感同身受”这个词，他在 1998 年后的每一天，都在与死亡做对抗，所承受的痛苦，怕是身体健康的我们一天也忍受不了的。

3

这世上，像王思聪那样开挂的人，毕竟是少数。很多我们在现实中看见如同开了挂的人，都经历过你未曾想过的绝望。

人生不是电影，总是能剪辑出最精彩的情节，即使是电影，主人公也会经历挫折。

我们总是在羡慕他人的生活，羡慕那些仿佛活在天上的人，殊不知，他们也曾在地面上爬行，皮肤上也曾布满肮脏的泥泞，甚至伤口一次次被划破，来不及结痂又鲜血淋淋，最后落下永不消失的伤疤。

生活有很多种，该选择怎样的生活方式是你的自由，在有限的时光里，愿你能珍惜所有的美好时光，希望有一日，你的人生没有那么多苦难，也能像开了挂一样精彩。

25岁前你必须要做完的7件事

我不愿你有一场不管个人安危说走就走的旅行，也不要你接受什么“大学没挂过科没谈过恋爱就不完整”这种烂鸡汤，更不希望你还没拥有过人的实力前就学名人们退学创业。

人生中有很多要做的事情，也一定会有更多的缺憾，无论你怎么拼了命去做，都会留下遗憾。

我知道你我都会活得没那么容易，我愿你是活得潇洒精彩的人，别沦落到中年时热血已凉，回忆年少轻狂的梦，没一件做成，心酸又心凉。

趁你在还可以犯错的年纪，趁你在犯错还可以挽回的岁月，趁你还没有太多牵挂时，做完这7件事。

过了25岁，你的人生不会再是你一个人的了。

好自为之。

第一件事：要有个一辈子都喜欢的爱好

人可以为很多东西活，为名利活，为自由活，为自己活，为别人活。

在我大学快毕业时，我终于醒悟：无论哪一种活法，都不可能真正自由。

每一种活法，都有它迷人的地方，更有它无奈的地方。无论你选择了哪一种活法，希望你都有一个一辈子都喜欢的爱好，它不一定给你带来名、带来利，它只会在你疲惫不堪时，做起它时，你会笑，也会痛快哭。

笑得开心，哭得解忧。

你要有这样的爱好。

第二件事：有一份足够养活你的工作

过了25岁，你不可以再跑到父母怀里又哭又闹了，你更应该去照顾他们。

你的人生中当然会遇到很多很多愿意照顾你的人，可是啊，你也要学会照顾别人，照顾自己。

我知道你想任性，任性之前先让自己有任性的资本与能力吧。有一份足够养活你的工作，并且是你喜欢的事情。

不要和我说没办法做自己喜欢的事情，要知道，只有做自己喜欢的事情才更有可能获得更大收益。

这一份让你能够想吃什么就吃什么、想去哪里就去哪里的工作，是你任性的底气，最最基础最最普通的底气。

第三件事：有一个可能要花几十年才能完成的目标

当你有了可以爱一辈子的爱好，和一份让你足够养活自己的工作后，你不可以就此满足了。

要知道，人总是在满足中变得平庸的，你不可以只待在舒适区。

你要明白，呼唤你每早起床的最大动力是什么，不要告诉我是为了赚吃饭租房的钱，那不该是你人生的最后归宿。

你要有一个可能要花几十年才能完成的目标，哪怕它看起来有多疯狂，你也要不断朝着它迈进，不管你最后有没有成功，这个目标都是你在25岁前要找到的。

就像你的梦想是触及星辰，我们都明白，穷极一生你也摸不到它，可你为了摸到它，站在了少人可及的最高峰。

第四件事：完成一件你中学时期的梦想

很多人说：莫欺少年穷。

你有多少少年时的梦，都随着年纪增长搁置一旁了？你是不是偶尔想起时，还会自嘲，摇摇头不再去想？

你对得起年少的你吗？那时候的梦，真的有那么难实现吗？

去做吧，中学时期的你或许有100个梦，碎了99个梦又如何？在你还没有真正老去的年纪，就不要学着真正老去的人倚老卖老，去做，去做，赶快去做！

当你完成了一件少年时的梦后，你永远也不会老去。

第五件事：看完100本好书

在日渐浮躁的如今，我仍想将生活过成诗。

无视那群鼓吹“读书无用论”的愤青吧，没用的人做什么都无用，强悍的人喝鸡汤都能成就一番事业，读书从来不是让你功成名就，读书是教会你如何更轻松更有趣地活。

绝大多数人的人生，活得都过于疲惫、过于无趣了。

不要带有功利性去读书，更不要读那些毫无意义的书，在25岁前，慢慢读，认真读，读100本真正经典的书。

那时候的你，会更知道你为什么活。

第六件事：独自走过10座城市

你之所以活得狭隘无知，是因为你不知道世界是什么样子的。

哪怕你活在信息爆炸的互联网时代，你在书上了解的，你在视频里看见的，你听阅历丰富人说的，都不代表你真的明白世界上其他地方的人的生活。

你不会知道千里之外的城市街头会有怎样的风景，更不会知道某个咖啡屋里正认真画图的女孩也许和你志同道合，你永远都不可能知道，你为何和他们不同，你为何和他们相同，除非，你走出去。

不要穷游，我从来不赞成所谓的穷游。

第七件事：不要因为寂寞恋爱，遇上正确的人就立刻爱

爱情与婚姻或许是生命中的必需品，但不是作业题，更不可以着急。

在25岁前，不要因为寂寞谈恋爱，你会浪费了自己的感情，糟蹋了别人的时间，最好的感情本应该留给最好的人。

如果没有遇见合适的人，不要因为身边的人怂恿，去谈一场无疾而终甚至因不爱也生恨的恋情，太不值得。

如果遇见正确的人，不要想以后，不要考虑现实，人生中已有无数错过，你真甘心难得心动的人在你面前远去?

哪怕最后的结果不尽如人意，你也要奋不顾身去爱这个来之不易的人。

说不定，到最后，她会是陪你走过一生的人。

25 岁前，你要做完这 7 件事。

有些事，你不做，会真的来不及了，因为你的青春，比昙花都还要短暂。

拼命努力1年，你会有意想不到的收获

我要讲一个故事：我刚来上海第一年的经历。

我从小就爱写作，也常被人夸“你长大一定是个作家”，我得意扬扬，自以为文笔非凡，和多数有着写作梦的朋友一样，梦想有朝一日成为畅销书作家，销量比韩寒、郭敬明、张嘉佳还要高。

我真正有作品发表时，是在2013年7月，那年我大二，21岁，拿到了一笔300元稿费。

说起来，自己觉得蛮害臊的，从小到大我都在喊着“我会发表很多很多作品”“我长大一定能出书”，结果到了21岁才有作品发表，真是太晚了。

“第一桶金”，从金额来说，真的蛮少的，但我愿意将它称之为第一桶金，因为，那两年我虽然写了很多没人看的文章，但也是在那两年，我在思索怎么写得更好，系统学习了小说创作，

也研究了很多文体的结构，才有了最近一年来的爆发。

我更愿意将那两年的集中式自学称之为“第一桶金”。

2015年5月，我给《北京晚报》写了一篇美漫特稿，同年7月，在《北京晚报》开了专栏，有了每个月不算多的固定稿费。

我常年来不停歇地写作，让我学会了写很多文体。2015年我毕业后的第一份工作是文案与新媒体运营，期间，也有不少家品牌找到我，让我写品牌故事。

2016年，我签了一本书，我知道我期间学习了多少，付出了多少，才会实现这个梦想——

最初踏入写作圈时，我体验过不断被退稿的辛酸，写了十万字才有一篇短文通过，仅2013年一年，我就写了上百万字，可以用的，也没多少。

从2015年下半年开始，我不断接到各式各样的约稿，发表的作品也越来越多，有符合大众口味的爱情小说，也有艰涩难懂的纯文学研讨，有普及基本观念的影视评论，也有嬉笑怒骂的专栏杂文，有写作知识的干货分享，也有品牌推广的商业广告文，总之，什么文体我都在尝试，并且，慢慢地，各类文体我都有了自己的文风。

我更愿意将最近一年的爆发所带来的心态转变称之为“第二桶金”。

写作给我的生活带来了翻天覆地的变化，我从未想过，写作会给我带来如此多的机会。

写作让我的生活有了更多的可能性，因为写作，我正式踏入互联网行业。一年来，我学习市场营销和互联网营销，学习内容运营和产品运营，并且，更为深度地接触了新媒体。

会写作的人，在新媒体上有着得天独厚的优势，我研究了 50 个知名公众号后，决心创办自己的自媒体。

2016 年 1 月 1 日，我以公众号为起点，创办了自己的自媒体“简族”，后来的故事，都因它而起。

正是因为在新媒体上付出的努力，我也迎来了更多的可能性，例如签约了第一本书，现在我在着手准备第二本书，例如将“简族”从文字衍生到音频，联合工作室创办了“简族电台”，入驻了各大 fm，例如认识了更多志同道合的朋友和业内人士，我越来越接近我想要的生活，也越来越清楚我要什么。

我更愿意将这半年来新媒体所给我带来翻天覆地的变化称之为“第三桶金”。

聊完了写作，我再聊一聊我刚来上海时的经历。

我的专业是城市规划，2015 年 6 月底，一毕业，我就转了行，一头扎入了互联网公司。毫无互联网工作背景的我，在刚转行时，确实蛮痛苦的，没有公司愿意要我，后来，我进了一家 O2O 互联网公司，从业务员做起，不过对于不擅长当销售的我来说，提成自然很少。

我承认，做业务员那两个月让我有些生不如死，每天都想着：我到底在干吗，我转行真的有意义吗？好在，我坚持朝着自己期望的方向发展，业余时间在《北京晚报》开了专栏，也开通了个人公众号“简族”。

幸运很快降临到我身上，9月初，我做业务员两个月后，在《北京晚报》开设个人专栏的事在公司慢慢传开，公司总部营销中心当时缺一个文案，得知我的背景后，便把我招进去做文案。

恰巧，我入职当天，部门的新媒体运营离职，主管说："欢迎新人入职，接下来，由他接手我们公司的公众号运营。"

她问我："有信心吗？"

我说："有啊，我有一个自己的公众号。"

刚接手时，我其实手忙脚乱，个人订阅号和公司服务号完全是两个概念，做文案和写专栏也完全不同，我也不懂市场营销，开会时，很多专业词汇都听不懂。我在3个月里，看了9本市场营销专业书籍和4本文案书籍，从头系统化自学，建立了知识框架。慢慢地，大家都开始信服我在新媒体和文案上的专业度。

在总部我做了3个月的新媒体运营，到12月底时，中心成立新的部门——服务运营部，我接手了这个部门，整个部门就我一个人。我开始做公司的产品运营，运营公司的两个服务产品，同时在做一个新产品的内容。

同样，运营对我来说又是一个新领域，和3个月前一样，我立刻买来很多运营类的书籍，像海绵一般学习。

接手新部门是2016年初。在2016年1月1日，我做了一个很重要的决定：正式运营我的个人公众号"简族"。

公众号差不多是在2015年7月申请的，但一直是散养状态，5个月才发了20篇文章。我决定认真运营。

我研究了50个公众号后，做好了"简族"的定位，打造了公众号的栏目，写好文案，做好设计，开始在每晚9点59分发布文章，日更。

从2016年开始，我就保持着每天工作加写作“12小时+”的状态，周末也不放过。2016年2月，我和朋友一起做了个项目叫“解忧花店”，第一次用业余时间创业，虽然在4月最终宣告失败，但给我带来很多宝贵的经验。

4月，是我最煎熬的一个月，身体和心态都变得糟糕起来，并且，我渐渐不认同所在公司的价值观，想要辞职，但也有各式各样舍不得的因素在，我每日都在挣扎，身心俱疲，甚至状态差到一度写不出来东西，低血糖频频复发。

在一系列的事情后，我最终选择了辞职，5月中旬，正式离职，选择跳槽。

跳槽的时候，选择公司时，我告诉自己：一定要选一家和自己价值观相符合的公司，做一份对得起自己初心的工作。我投了6份简历，全部都收到了面试邀请，我去了第一家，拿到offer后，婉拒了后面5家的邀请。

我相信我的直觉，在两个半小时的初试和一个小时的复试后，我知道，这家公司和这份工作是我想要的。说起来，决定投简历到这家公司的经历确实有趣，是在3月时，有人在知乎里问我：我想去这家公司工作，你觉得怎样？

我查了这家公司后，对公司的模式和创始人的经历都非常感兴趣，所以，在跳槽时，现在的公司成了我的首选，我也很幸运，成功入职了。在复试结束后，我接到HR电话，她说：“恭喜你拿到offer，我们这边给你的薪水是你上家的double。”

薪水并不是最重要的，最重要的是你知道自己在做什么。公司的氛围很像Facebook，我的部门是市场部，岗位是内容，完全符合我的个人职业发展，新公司的同事和上司我也很喜欢，都属于有话直说，认真做事，都把做好工作视为最重要的事。

5月，是我的丰收月。我不仅跳槽到我喜欢的公司，做喜欢的工作，并且，我的公众号关注人数不断上升，我只接与自己气质相投的品牌推广，我还签下了第一本书的合同，也与新浪微博签约，成为第一批微博读书签约作者。

我记得很清楚，就在刚刚过去的7月，我不断高烧，低血糖再次复发，期间还出了一次车祸，伤了最重要的手指，但我没有让自己休息。

出第一本书的时候，我想，这是对我毕业这一年来每日每夜都拼了命的回报吧。

新工作涉及了更具深度的互联网知识，我并不畏惧，因为，我始终会像海绵一样不断吸收新的养分，我会做得越来越好。

回想起3年前，我在大学宿舍里，面对一台笔记本电脑，昏天黑地地写，只换来300元，我并没有觉得心酸，反而觉得欣慰。

如果不是那时候的坚持，如果那时我扛不住身边人的不理解，如果那时我被诸多嘲讽和打击所击倒，我也不会对得起以前的自己如此大言不惭道：我会发表很多很多作品，我长大一定能出书。

我记得那时候的自己，我记得我曾说过的话，所以，一定要实现。人生最酷的事情，就是把曾经吹过的牛，一个个变成现实。

所谓的第一桶金，并不在乎钱多钱少，并且，无论是几十万还是几百块，都不是真正的“第一桶金”。

真正的第一桶金，是你的心态，你的格局，你的思考，是你通过你的付出换来的这些钱所给你带来的转变，让你知道自己想要什么，想成为怎样的人，还要知道怎样成为这样的人。

如今，我早已离开职场生涯，成为全职作者和内容创业者，再回头看前面所说的第一年，感慨万千，即使那年的我什么都没有，却因为拼了命努力，给了我现在。

我对未来，都充满了期待，并且，永远不忘初心，永远如此努力，我知道，会有回报的，即使有时你会觉得生活在深渊中，但终有一天，你会看见太阳。

人生最酷的事，
莫过于把吹过的牛一一实现

人生有无数种可能性，并没有标准答案。

1

记得大一时，我认识一名女孩，叫Andy，我和她在一场学生活动上相识。和所有无趣的学生活动相似，总要有个高尚结尾引发学生们的精神高潮才算完美。那时候，汪峰还没火，台上老师比汪峰导师早几年问出了：请问，你的梦想是什么？

“梦想”这个词呵，总是那么美好，也那么讽刺。

新生们总是最活跃的，没一会儿，无数少年少女上台，踊跃发言。毕竟，对于刚结束高考的学生们而言，他们还尚未被大学洗礼，满脑子还是高中时的那一套，发言堪比少先队员发言模版，

个个政治正确，他们所说的梦想，高端大气上档次，又那么不切实际，和高考作文般套路化，偏偏老师爱听。

轮到 Andy 上台时，她干净利落道：

“一辆好车，一套房子。”

我抬起头，看 Andy 的眼睛，心想：这女孩可真酷。

毫无疑问，叛离组织的人，都是不可饶恕的。老师挑眉，没让她下台，质问道：“你的人生就这点追求吗？”

从此以后，“拜金”成了 Andy 的代名词，所有人都把她当反面教材。

命运总是那么好笑，许多年以后，Andy 成为极少数还能做常人不可及的“梦想之事”的女孩，那些在台上涨红了脸高嚷着口号的人，灰头土脸地为车子、房子打拼，至于曾经说过的话、吹过的牛，早就丢到脑后了吧。

可惜，象牙塔里的生活，哪有那么多道理可讲？越是单纯的地方，看起来越讲道理，然而一群未谙世事的小屁孩聚在一起，反而是没有道理可言的。

大学往后几年，流言蜚语始终围绕着 Andy，像她这类漂亮、高冷、远离集体的女孩，总归是不受欢迎的。

大二时，Andy 便依靠打工的钱和奖学金，搬出了宿舍，在市区租了个小单间，大三时，Andy 买了台二十多万元的车，开车上下课。

虽然学校里的富二代有很多，开豪车进出校园的也不少，但大家都知道，Andy 来自一个很普通的家庭，父母不可能给她钱买车的，二十多万，对于绝大多数学生而言，自然是一笔巨款。

大家一致认为：Andy 这种拿贫困奖学金的穷学生，哪来的钱买车？一定是被包养了，才买得起车！真是虚荣啊，明明家境不好，还死要面子买车，还出卖自己的肉体和灵魂！

人的语言往往像一把刀子，刺得人遍体鳞伤。

造谣的人，永远认为自己断定的便是真相，起哄附和的人，从来不关心什么是真相，他们只想看热闹，认为不符合常理的一切都是虚假的，比起"女学生勤工俭学逆袭买好车"的逆袭故事，他们更爱看"清纯穷少女为买车甘心被土豪大叔包养"的狗血故事，他们会认为后者可信度更高。

那时，我已认识 Andy 两年多，我当然知道，她是靠着自身的努力，才买的奥迪 A3。

2

Andy 从大一起，就开始拼命做各种兼职，从最开始的端盘子，到之后的当模特，再到后来去做模特礼仪中介，赚得越来越多，她所有的钱，都是靠自己赚的。

最令我钦佩的，她并没有因为赚钱而耽误学业，几年过去，那些喊口号的人宅在宿舍打游戏、刷剧，Andy 活力满满四处工作，更不忘充电，专业课成绩始终名列前茅。

在大一那次她"三观不正"的公开回答后，我立刻选择了去与她相识，至少，我觉得她很真实，敢于说出最直接的想法。

凭借自己的努力，去买自己喜欢的东西，并没有什么错，又不是走什么见不得人的捷径。

大三时，她开着车带我兜风，我在车上问她：你干吗这么努力啊？

她笑笑，说，她出生在一个很普通的家庭，虽然不算穷苦，但连小康也算不上，又因为家里违反计划生育政策，生了个弟弟，罚了很多钱，家境一度拮据，由不得她去买很多漂亮衣服，物质的欲望从小就被父母压制着。

后来，初二时，Andy 参加学校里的唱歌比赛，被选送到市里参加决赛，Andy 说，那是她第一次因为物质受到心灵上的冲击，很多参加决赛的小朋友，家长都开着车来送她们到比赛现场，只有她是坐着大巴和指导老师一起赶到市里，父母还责怪她不好好学习，然后继续做活去了。

她那时认不得车的 logo，只知道，那些和她同龄的孩子轻而易举所享受的普通生活，都让她觉得遥不可及。

“我当时问老师，圆圈里一个三角形的车叫什么？四个圈的车又叫什么？问了好多呢，那大概是我第一次知道车的品牌。说来好笑的是，我拿了二等奖，第二天获奖的小朋友们可以去参加一个活动。那天主办方派人开车接我和我的指导老师，然后我第一次坐进了一辆好车。我在车里，那么想要哭，只不过是一辆车，为什么让我那么难受？我也不知道啊！简浅，正如你常和我说的，人终归会被少年不可得之物困扰一生，不过我不想被困扰，我要得到我少女时期想要的东西。”

她说完这一大串后，没有如我预想中流泪，反而潇洒地笑了笑。

我提醒她注意看路，心中格外佩服她，我想也正如我常说的另一句话吧：人生最酷的事情，莫过于把吹过的牛一一实现。

3

记得 Andy 曾跟我说过，这是她的第一辆车，等不到买新车都不会卖它。

谁能料到，在那次我和她长谈后一个月，Andy 的弟弟得了重病，家里急需用钱，情急之下，Andy 只能去卖车。

卖车那天，是我陪她的，那是我第一次看见 Andy 眼睛红红的，认识这么多年，我从未见她哭过。

卖完车后，她蹲在路旁，说："真舍不得啊，这可是我很辛苦实现的第一个梦想啊，就这样贱卖了。"

我还未来得及安慰她，Andy 又站起身，爽朗笑着，说："总有一天，我要让家里人过得更好！我也会买更好的车，我不是拜金，我是在追求更好的生活，我也有权利用我的方式，去追求我所期待的生活。"

有什么她不能做到的呢？我看着她的侧脸，心想。

果然，毕业两年后，Andy 成为我最优秀的老朋友之一。

她去年在老家买了房，拿房产证时，她给我发微信，自嘲：梦想打了折哦，我还是买不起上海的房子，怎么又涨了！

今年，她买了辆近 150 万的车，她还是执着于这个梦想，不肯把钱留下来，等到公积金交满 5 年后买上海的首付，反而去买了更容易贬值的车，我当然知道她为了什么。

相比6年前那个穿着廉价衬衫上台冷冷发言的姑娘，Andy终于成长为真正精致、优秀的女性。

她身穿价格不菲的衣服，从车上下来，在阳光中，冲我笑。我知道，物质的成功并不能代表一切，但是，这么多年啊，Andy所做的一切，看似是在追求物质，实际上是在追求她心中的某种精神世界：更好的生活，给自己，给家人。

她做到了。

我当然记得几年前她和我说的故事，那个坐在车里不知道为什么想要哭的女孩，这个在大学校园里敢在公开场合说不符合主流价值观的酷酷女孩，我认识6年了，她的故事让我更坚信："人生最酷的事情，莫过于把吹过的牛一一实现。"

上车后，Andy发动引擎，说："等我买到上海的房子后，我一定要换台更好的车。"

我当然信你啊，美好的Andy，你为了家人，为了更好地生活，你付出了那么多，终归会是有回报的，谢谢你，让我知道，这个年代，还是有很美好的事物，值得追求。

去夜店烂醉一点儿也不酷，读书健身挣钱的女孩才酷

大约3年前，我在一个训练营里学手绘。

手绘训练营建在半山腰，几千个人住在像传销组织的破房子里，每天任务是画12张画。在昏天黑地的两个月里，连我都无心看漂亮姑娘，醒了就冲下楼去画画，画得再丑也要完成任务。

我偶尔会想起那两个月，虽说对我的人生乐章而言，只是段无足轻重的插曲，但洗脑、填鸭式的特训生活，是将人的欲望压制到最低。

以上，都是我自以为的。

训练结束后我才知道，有不少私教利用职权光环，骗取女孩欢心，该干的不该干的事，都干了，和那些总在夜店里泡女孩的男生一样，他们觉得自己很酷。

转念想想，那时的我，还蛮单纯。

3年后，我不觉得他们酷，我认为一些“坏”女孩很酷。

我喜欢“坏”女孩们。

喜欢她们不被世俗所束缚的独有魅力，敢于挑战上一代的腐朽观念，敢于追求自己不被人所理解的梦想，她们所做的一切酷极了，所以我喜欢她们。

我喜欢的“坏”女孩，其实都是好女孩，她们看似不羁，做出一件件让人难以理解的举动，但她们有足够合理的内因。

我喜欢的“坏”，不是四处约炮、打架吸毒，我喜欢的是拒绝捆绑追求自由的“坏”。

读中学时，我觉得说脏话、去滥交、打群架、飞叶子什么的酷极了，如今发现，这些行为想要做到轻而易举，一点都不酷，太无聊了；真正酷的，是坚持最枯燥困难的事的那群人，将一个个看似不可理喻的目标实现，太酷了。

我认识一个“坏”女孩，比我小3岁，她的履历和她的模样一点儿都不坏。我和她见过两次面，她都穿着得体，举止落落大方。她名校出身，今年大四，便成立了自己的工作室，收入颇丰，是典型的“别人家的孩子”。

我记得她在一次电视节目上的演讲，她穿得很朋克，打扮成“坏女孩”的模样，大谈“我们都有病”。我很认真地看了那场演讲，想起她在微博发起的活动，她选取了十几名普通人，去了解他们的故事，将他们的经历写成书。

她读书、健身、赚钱，成为无数人心中的女神，她依旧不忘初心，坚持每日写作。她一点儿也不乖，却格外有魅力，因为她始终坚持做枯燥、困难却有意义的事。

在当今浮躁的社会里，坚持是种多么可贵的品质。

多酷。

我们都喜欢高级感的“坏”，充满廉价感的坏，基本葬送在学生时代了。

有个又乖又坏的女孩和我描述过她高中时的男神，笑容无奈。

她从小学习成绩很好，中学时期是标准意义上的乖乖女，成绩好，没脾气，生活简单。她喜欢的那个男生，当时留着如今被视作非主流的长发，牛仔裤上绑着铁链，鞋子打上铆钉，叼着一根烟，在走廊上晃来晃去，每个人看见他，都无比尊敬，喊声哥。

她觉得酷爆了，暗恋了几年，不敢表白。后来，她考上了国内top10的大学，读完硕士后，在上海拿到一份年薪30万元的offer，等到她回家再见到当时的男神时，她只是笑笑。

“他还是穿着和以前一样廉价的衣服，不同的是，只剩下廉价了。”

如今的她，也成了“坏”女孩，拿着高薪觉得生活压抑，选择独立创业，举止投足都魅惑至极，让无数男人动心却又无法靠近。她身穿名牌，出入各类社交场合，总有人看不惯她，给她贴上各类难听的标签。

没有多少人知道，她一周可以工作长达七八十个小时，还能每天夜里回家认真读书，钻研金融知识。她从来不熬夜，每天晚上11点睡觉，早上6点半起床，将生活过得如闹钟般精准。

她热爱浓妆艳抹，也会偶尔穿得暴露、性感，有时言辞激烈，有时冷若冰霜，她从来就没打算听从父母的安排，只会坚定内心的抉择。

她不会喝得烂醉，也没有去飞叶子、搞劈腿，甚至连烟都不抽，可她比起大多数人，人生简直酷爆了。

我常说一句话——

“人生最酷的事情，莫过于把吹过的牛一一实现。”

真正酷的事情，是那些绝大多数人所做不到的。抽烟喝酒不酷，想要学会它们很容易，将烟头乱扔、喝完酒撒酒疯的人更不酷，那叫没素质，滥交出轨不酷，真正酷的人，可以完全控制自己的欲望。

真正酷的人，都在你看不见的地方默默努力，读书、健身、赚钱，而违反法律、打破原则、毫无底线的人，一点儿也不酷。

知世故却不世故，才是最善良的成熟

前几天我和朋友吃饭，和她聊起如今很多女生自愿被包养的事情，她跟我说："我身边也有这样的女生，我问过她，把自己那么美好的青春给活生生浪费，真的值得吗？她说，和穷男生在一起，也不一定看得见未来，到最后他说不定也会甩了我，既然都不会有未来，那我为何不用自己的资本换一个富足的现在？"

我愣了几秒，说："好有逻辑的三观不正！我竟无法反驳。"

我们越来越知世故了，也越来越误解"世故"这个词了，在声色犬马中徘徊，在纸醉金迷间迷失，在灯红酒绿里堕落，你将世故当作成熟，却不知，你丢失了你的善良。

我知道你会说：善良不值几个钱。

我想起很多人曾很讨厌的林志玲，无论发生什么，她依旧会表现得非常得体，即使有人恶意抨击她是花瓶时，她的回答也是：

“花瓶吗？很好啊，这也是对外表的一种肯定方式，我会把它看作赞美，再说声谢谢。当然，如果你真的对这只花瓶有兴趣，随着时间的推移，你会看到真实的我。”

不懂世故的人，是不会将“有教养”和“高情商”表现得如此之好。林志玲知世故，却不世故。

林志玲曾公开表示欣赏的演员黄渤同样也是知世故却不世故的人。在记者问他是不是要取代葛优时，黄渤说：“这个时代不会阻止你自己闪耀，但你也覆盖不了任何人的光辉。我们只是继续前行的一些晚辈，不敢造次。”

知世故却不世故，才是最善良的成熟。

我曾不知世故，也不成熟，错把善良变为弓箭。

例如，这年代流行嘲讽，人惯于站在“鄙视链”顶端，在面对“如何评价什么”的答案中，多数人爱高姿态指责，好似自己掌握权贵。

他们会说：媒体贩卖了恐慌，企业恶心了情怀，富人败坏了三观，作家出卖了灵魂，他们凭什么红，只知道营销。

他们还要评断：特稿都是洗地的，写的都是宣传通稿，导演和编剧都是饭桶，个个都没我聪明，作者和音乐人都是婊子，饿死去创作才是纯洁。

可是呀，我没看见过他们的输出，我没看见过他们的贡献，我也没看见他们精神的圣洁。

我只看见过他们一次又一次的自我高潮，和一次又一次高潮后的寂寞。我常在想：他们每一次居高临下的评论，底气究竟在哪儿？

所以，我也想嘲讽回去，到头来，两败俱伤，我和对面，互相指责，皆不世故，也不成熟。

那什么是善良的世故呢？

我很欣赏一个女生，认识一年多，无论工作有多忙碌，加班有多晚，只要见到她，她都会化上精致的淡妆，面带甜美的微笑，与你轻轻交谈。她深谙如何与人交谈，总会耐心听，再娓娓道来她的看法，从不会让人难堪，更不会让人尴尬。

她是懂世故的人，唯有懂世故，才会让你的举止投足显得优雅，显得得体。我见过很多愤世嫉俗的少年少女，总要在口头上争出个高下，非要在敏感话题上发表些令人哭笑不得的观点，使得交谈变得难以进行下去。

曾经，我很不擅长一堆人的聚会，我常傻愣愣坐在其间，看觥筹交错，或推杯交盏，连自我介绍都说不好。后来，我也学会了如何社交，懂得如何拿捏气氛，什么是适合的玩笑，什么是正确的言谈，我也总算是摸透了一二分。

社交场合上，没人会喜欢太闷的人，也没人会喜欢太尖锐的人，知世故，懂人情，几句话交谈下来，虽不知人深浅，但也知其言谈，彼此也都乐在其中。

有人说：社交之所以累，是我们在扮演我们并不擅长的角色。其实不是，在社交中自然大方，并不代表这个人虚伪，我们懂得圆滑，懂得世故，也不代表我们变得不善良。

要记得，知世故却不世故，无论如何，都要对世界保持善意。

我遇见过很多活得精致美好的女生，她们品尝过人间冷暖，体会过世态炎凉，在物欲横流的社会中洁身自好，在极度忙碌的生活里保持优雅，在人情世故的社交间明辨是非。

她们向来温婉，她们更懂励志，她们知晓世故却不世故，她们在这个愈发浮躁的社会里，不骄不躁地告诉你：别丢失你的善良，别放纵你的初心，你才是真正成熟有魅力的人。

人终究会被年少不可得之物困扰一生

我上个女朋友Y，在生活中很随和，很在意别人对她的看法，不太去反对别人。

在短短两个月的恋爱过程里，每当我们提起年少的事时，她便仿佛变了一个人。

Y在中学时，不仅漂亮而且成绩好，因此遭到同班女生嫉妒，很多人传她是“公交车”，谁都可以上，还以她名字开了个贴吧，布满污秽话语的帖子。

多年后，Y有个女同学已成家立业，她找Y借车，Y对她骂道：当年你造谣我是狐狸精时你怎么不想想你说过什么，现在你就可以一笔勾销了，觍着脸来跟我借车了？

每当Y提及少女时代的灰色回忆时，面目狰狞，加大音量，说：她们现在再敢出现在我面前，我一定撕烂她们嘴巴！

她布满杀气的眼睛，与她的漂亮脸庞真不相符，她的脸皱起来，像精致画卷被人揉捏后再展开，美丽尚未失，戾气由心生。

1

我尽量与她避免谈及年少时的事，生怕将她掩埋已久的阴暗面释放，吞噬如今美好的她。

事与愿违，Y 生性敏感脆弱，我总会在不经意间触及她的伤口，在电话里，在家中，在街上，争吵突然爆发。她口才绝佳，用词犀利，骂得人尴尬、愤怒和无奈。

每次争吵后，她去一旁抽烟，我在另一边沉默，互相冷静后，再原谅对方。

她很聪明，巧妙将我的过去一一问出，即使我本质上是不爱提及过往的人，每当我将不开心的往事说出时，我们总会产生一些争执，这源于我俩的处理手段。

我提及了一些中学时代让我最绝望的事，心寒于当时老师、家人、同学的处理态度，以致我成年后，选择与亲戚们断绝交往，拒绝参加同学会，不愿踏回母校一步。最后我总结道——

“很多年过去后，再回过头看，自然会觉得不算什么，但对于少年的我来说，是不可承受的，所以当时间抹平伤疤后，仍会记得疼痛，久而久之，会慢慢积郁成内心深处的阴暗面，一触碰便被仇恨所吞噬。面对年少时的心理阴影，直面只会恶化，回避才是治愈。”

“你根本不用原谅他们。”她说。

“我从未说过我要原谅，我只是觉得没必要报复，我期望的是更好的生活，消除那些仇恨，也许更好。”

“我不是让你无故报复，若有一天，他们落在你手里，你为何不报复？”

那瞬间，我抬头，看她眼睛，感到惊慌，当人内心深处最阴暗的想法被毫不留情揭穿时，终归会恐惧。

每个人都曾有过如此丑恶的一面：对于心中最仇视的那些人，幻想有朝一日能亲手将他们踩在脚底，狠狠蹂躏。

她不依不饶，说：“有时候，你会让我觉得害怕，因为我知道你内心深处的野兽，比我的可怕多了。你只是用理性压制你的愤怒，为什么不释放呢？”

“够了。”我中止了这场讨论。

分手后，她将我们的关系称之为“相互取暖”，我时常在想：难道不是两只受伤的兽相互舔舐伤口吗？

2

如果可以用理智压制我内心深处最痛苦、最愤怒、最阴暗的一面，我宁可压制一辈子，不变成野兽，传播更多善意，这是我最真实的想法。

丑恶的念头不可怕，可怕的是将它实施，人之所以是人，是因为具备理性。

每个人都有心理阴影，随着岁月流逝，内心或多或少都有残缺，有些人选择任由仇恨在阴暗里滋养，最终伤害他人，不断恶性循环，有些人选择假装原谅，将所有痛苦都埋藏在心底，最终郁郁不得欢，悲哀一生。

人终究会被年少不可得之物困扰一生。

正如父辈常说他们那个年代读书有多难，说到动情处还会声泪俱下般，那是他们的年少不可得之物，年代所导致的贫困、苦难、仇恨使得他们最为恐惧不稳定，慢慢成为梦魇，在安稳睡眠中忽而惊慌失措，又无法动弹。

年少时看似微不足道的小事，都会衍变为不可愈合的创伤。

年初时，我认识一名姑娘，熟识后，她最常和我说的话是：简浅，我真的觉得人生没有意义了，如果不是我离开了我爸爸会难受，我一定早就选择安乐死了。

她的笑容那么甜美，她的面庞那么清纯，我从未料到，如此绝望的话，会从她口中说出。她在不完整的家庭中长大，有过贫困、缺爱的少女时代，长大后最令她开心的事情是继母过得不好。

她和我说：我真的不想那么恶毒。

我理解她，十几岁时受到的伤害，在成年后都会被数倍放大。

有个夜晚，我和她在清吧里面对面坐着，她喝了几口酒后，说：从小到大，我一直都很想要个家，所以，我赚到很多钱后，第一件事情就是给自己买房子，我真的好想要个家。

想必她也知道，房子不等同于家。她伸出了双手，竭力想在空气中抓住什么，最终什么也抓不住。

那一刻我很心疼她，可我清楚，心理创伤是怎么也愈合不了的，不是“说出来”就好了，是每次诉说都成为伤口上撒盐。

不是每个人都愿意当祥林嫂的，不是每个人都愿意拿伤痛给他人取乐的。

去年生日许愿时，我破天荒没有许对未来的期望，只反复说：让我改变过去，可不可以？

当然不可以啊，傻孩子。

人生便是这样一场旅途，回不了头，你只能往前走，旅途中最遗憾的并不是未来不能踏上顶峰，而是起程时的几里路，陷在泥泞中，那么肮脏，那么疼痛。

一生也洗不尽的痛楚。

3

我常关注“校园暴力”话题，关注了很多年，愈发心哀，仿佛有人的地方，便会有欺凌，有人的场所，便会有苦难。

为何总要在人年少之际，朝他们心房中狠狠开枪？为何总要在人青春之时，夺走他们视为珍宝的东西？

人终究会被年少不可得之物困扰一生。

过早的苦难并不是财富啊。

“人之初性本恶”，人的天性，便是兽性，当文明和理智无法压制本性时，罪恶便诞生了。

傲慢、嫉妒、暴怒、懒惰、贪婪、色欲、暴食……七宗罪说的便是人性深处所最难戒除的恶习，必须用灵魂和心脏去压制，才能不爆发。

人之所以存活，便是通过教育、文化、环境慢慢消除与生俱来的恶，洗尽污秽，留一身清白。

所以，人终归是要向善的。

诸恶莫作，众善奉行，请善待儿童与少年，时代，总要在我们手里改变啊！

不合群的你，根本不是怪物

我打小便是不合群的小孩。

自幼起，便吃了不少不合群的苦，更是听遍了“长大后你这样要吃亏”的话，我曾信以为真，在初入大学时，为了合群，成为“讨好型人格”，后来，没人跟我做朋友。

江山易改，本性难移，几度人际关系受挫后，我干脆放飞自我，成为最不合群的那个人。

所以，传闻中毕业后整宿舍人抱头痛哭的画面我没体验过，我在大四时，忍受不了宿舍的恶劣环境，拿到一笔稿费，毫不犹豫搬了出去，几个月后毕业，我提前飞去了上海面试，毕业酒会和毕业典礼都没参加。

刻意煽情的场合，只会让我不自在，不会让我感动。

1

在擅长伪装的年代里，所有人都那么努力，也那么着急，名利场的游戏会让人迷失心智。

跑着跑着，总会觉醒：看似自带光环的人，都在浮躁的圆圈里打转，说一样励志的话，做一样热血的事，享受被笼罩在某种浮华下的虚荣。

大家都在假装，不敢揭穿自己，也不敢揭穿别人。

那些扯掉皇帝新衣的揭穿者，不愿随波逐流的人们，被称为："反刻奇主义者"。

"反刻奇主义者"，说的莫过于我这类人了。

在集体行动中，这类人实在是不讨人喜欢，仿佛天生爱找碴儿。我也常困扰，怀疑自己是不是真的是怪物，这么没人性?

在第一份工作时，公司爱召开动员会，几千名员工齐声喊口号，面红耳赤高唱"我们都是一家人"。我站在人群中，并没有被感染，满脑子只有一句话：我为什么要浪费时间做这么蠢的事情?

毕竟是职场，我不会如在学生时期公然表达质疑，我安分守己工作，偶尔观察不老实的员工被拎出来骂：你怎么这么没集体荣誉感！公司利益大于你个人利益!

听得我心惊胆战。

过了很久后，我才感谢我骨子里天生的这份"冷"，"集体荣誉"向来都是洗脑必备品，我有权拒绝。

亲爱的你，如果你也是"反刻奇主义者"，不要害怕，你不是怪物，你和容易随波逐流、容易被洗脑的人群一样，都是正常的人。

2

长辈们常爱告诉我们：一定要和上级、同事搞好关系啊，一定不要得罪人啊，千万不要跟别人不一样，吃亏是福。

在老一辈人眼里，任何试图颠覆他们的新鲜念头都是大错特错，所以他们害怕、抵触、反对社交网络。

在社交网络还没现如今这般风行时，每当论坛等地方出现他们的负面评价，他们首先想到的是联系负责人删帖，而不是去想自己哪里出了错。

他们把这种糟透的思想流传到了现在，每当社交媒体开始病毒式传播时，他们永远会说：这种大逆不道的东西为什么可以存在，这种反抗性思想怎么能传播？封杀，关闭！

他们从不敢承认自己的罪责，所以还想用旧一套的想法去洗脑新一代的思想，只是事实常常让他们被打脸。他们当然恐惧，他们从未想过他们习惯的旧社会会演变到人人平等的地步，你做错了，就会有人发声，而你，必须道歉。

他们更不敢承认新的方式与思想是让这个世界和这个社会变得更好，所以用“大逆不道”“无法无天”来形容新兴产物，又不愿说自己早已落伍。

有趣在于，我回顾我的人生轨迹，发现很不幸的一个事实：我听从父母的建议行事后，往往什么也做不好，内心也极度不愉快，当我彻底推翻他们那一套，完全追随自己内心时，这事成了。

许多事情，你需要打碎固有框架，才能看见新的视角。

你要知道，除了法律、伦理以及最基本的交通规则等外，大多数关于“合群”的规则，都是价值极低的。

如今，我离开了职场生活，独自写作打拼，再也不用担心是否合群的问题，人缘依旧很好，人脉变得更宽，我有更多专属自己的时间，去解决一些实际问题。

长辈们往往弄错了一件事：人缘好与不合群并不冲突。

3

不合群的人，不见得全是不易相处的人。

我依旧有很多的朋友，我常跨越半个中国和旧友去见面，感情不减，不过很抱歉，同学会这样让人尴尬的场合还是别邀请我；我依然有不少绝佳的工作伙伴，拼搏到凌晨3点还热血沸腾也是常事，不过很抱歉，请不要在我工作时让我们一起手牵手唱歌。

既然来到了新时代，就要有新规则，当新规则不再适用时，再推翻它，没什么的。

不仅要拥有最高级的自由即思想上的自由，哪怕是日常生活，每个人也都该拥有支配自我的权利。

你的穿着，你的发型，你的打扮，你的爱好，都应由你个人选择，不应由所谓的规则、所谓的合群来制定。

规则是用来保护美好事物的，而不是用来禁锢人格的，不合群的人，从不是怪物。

我只想过讨好自己的人生

“我每天都问自己这样一个问题：我现在做的是我所能做的最重要的事情吗？只有在获得了肯定的答案之后，我才会感到舒服，感觉自己的精力和时间没有白费。”

上面那段话，是扎克伯格说的。

很长时间以来，我都处在不安的情绪中，将自我灵魂一步步拉扯，直至分裂。我大概是太知道自己想要什么了，梦寐以求的一些事物，宛如天上星辰，我向来知道太远，不敢奢求，直到最近两年，流动在肤下的血越来越滚烫，于是，割裂更加严重。

如果终其一生，都按照既定好的程序走下去，人类还是人类吗？自小以来，我面临太多驳斥，话语无非是“你为什么不能和别人一样呢？”，我有时反驳，更多时候沉默，心底的声音向来是：“我为什么必须要和别人一样？”

我从 2014 年起，非常认真规划自己的未来，怕是因自己天赋实在不属于顶尖之列，走了不少弯路才磕磕绊绊往我想走的方向前行。人终归是贪心的，拨开迷雾望见一两颗星辰，便想伸手触碰，我太过渴望，所以，年龄越大，活得越用力，想要趁还没有太多捆绑的最后几年青春，去实现年少轻狂时说过的话语。

我终究是不能忘，一点儿也不能忘。

所以，到头来，我总是在自我折磨：我必须要过自己最期待的人生。我今年 25 岁，曾经和我一样年轻气盛的朋友逐渐接受了普通的生活，我给予祝福，也表示开心，然而，我总是在问我自己：如此平淡活一生，我甘心吗?

我不甘心。

我常在回老家时，望着街边的人，可以因一两件鸡毛蒜皮的小事闲聊一下午，再跑来和我们说：找一份稳定的工作，再找一个合适的人结婚，好好过日子。

这不是我想要的人生。我时常在这种挣扎情绪里度日，在快毕业时，听不进去父母在电话里不断重复“别人都这样啊”“你不能在家里找份实习然后去上班吗”。

从 15 岁到 25 岁，我性格几度翻天覆地变化，唯一没变的是：我不愿和大多数人一样。

来上海后，我慢慢活成“别人家的孩子”，父母也算放心，我也一度想过：一步步升职、跳槽，当个收入颇丰的白领，挺好的。

可是，然后呢？倘若按计划稳妥走下去，三五年之后我大概有一份三四十万年薪的工作，闲暇里享受下业余作家、小网红的光环，好像挺滋润。

可是，然后呢？

然后呢？

我问了自己太多遍，早就有了答案，但我早已不是冲动行事的少年，任何决定，都会深思熟虑。第一份工作跳槽时，我心中有太多委屈、愤怒和不愉快，才最终离开。现在的工作，什么都特别好，我也想努力做到更好，可另一方面，我个人追求的事业也慢慢起步，人的精力终归有限，我花了大量时间和精力去做两者间的平衡，妄想我能同时做好两件事，可惜，我终归把自己搞得太狼狈。

有些时日，我望着镜子里的自己，有些诧异，为了节约时间快点到公司，我渐渐不太打理自己，常常满嘴胡楂、头发不洗便冲进了办公室，我凝视很久，心想：这不是我。

我大概是把自己搞得太累了，也很少找人诉说，我选了一条大多数人都不会走的路，想要被理解实在是太过困难，与其听几句单薄苍白的安慰，换一些不被理解的评价，倒不如默默忍耐，哪怕前路荆棘，也要走下去。

我总是想起，高中快毕业时，我和挚友走在回家的道路上，问起以后的打算。我不知天高地厚，说要发表很多文章、写很多歌、出很多书，然后利用影响力连接起一大拨志同道合的人，慢慢去改变我所痛恨的一切。

这么多年过去，我脾气越来越柔和，内心却越来越强硬，我所不喜欢的一切，从来都没有被改变。我再一次又一次问自己：

你想要的，究竟什么时候敢去放开手不顾一切去做？

现实的牵绊太多，我已筋疲力尽，哪里还想再花不必要的精力去和他人解释？

直到最近，我总算想得清楚，我明白大多数人是不敢辞去工作，然后选一条风险极高的路；我从来都不想要所谓的安稳，我只想要被自己掌控的人生。

我常在下班后，仰头看四周的大厦，每栋楼里都有近万人在工作，这些写字楼里，年薪百万的人数不胜数，我也常在想：他们有时候也会厌倦吗？

每个人的抉择是不同的，我向来尊重他人的决定，所以，我也希望，每个人能够尊重我的决定，即使难以被理解，也请求不要妄自评论。

辞职后单干的决定，是在过年时做出的，早在去年年末，我就很认真思考过这个问题。年末时，我去了趟4年前便想去的新疆，我在喀什回到阿克苏的火车上，想明白了一些事。当我从阿克苏回到上海时，我站在虹桥飞机场，呼吸上海的空气，内心已然坚决了大半。

不了解我的人，都会以为我会选择安心当个小白领的生活，我听着那些评价，心生冷笑。熟知我的人，都知道我迟早会做出这样的决定，只是连我自己也未曾想到，会来得那么早。

我25岁了，我25岁了，我一遍遍重复。

总算，迈出这一步，忐忑、焦虑、不安时常陪伴着我，而我做的决定，风险也会越来越大，但我知道，我必须遵循自己的内心，别人怎么活是别人的事，我怎么活是我的事，而我的活法，就是尊重自己，不向任何所谓的现实因素妥协。

我最终想要做什么，我尚且不会公开，从近期我发布的一些动态，我相信每位朋友都或多或少发现我在准备着什么。无论是做自媒体、出书、讲课还是什么，我所有反常的举动，我所有不同的决定，最后都会连成一张网，这张网，我早就想铺下。

我终于，彻底不再上班了。

没办法啊，谁叫我只想过讨好自己的人生?

Chapter 2

你最努力的那一年，是你人生最美好的一年

99% 的人都过着不喜欢的人生

十六七岁时，我身边常有人问："好害怕一生都是个普通人，做不喜欢的工作，过不喜欢的人生，潦草结婚生子，再老去死去。"

年龄越大，这么问的人就越少了。太多人在碌碌无为的路上前赴后继认命，满腔热血渐渐凉去，瞳孔里没了光，养了一身膘，在办公室里耗时间，下班后狐朋狗友喝几杯酒撸几把串，嘻嘻笑笑算是又过去了一天。

被生活磨去激情的人，大抵都信奉着"努力不一定成功，不努力一定很轻松"的人生信条，将青春期迎风大喊的誓言真随风飘了去。

我们一步步将自己的人生摧毁，全然不知。

失去动力的人，脑海里往往有个声音不断在响：不喜欢又如何，两眼无神、四肢无力地生活倒也不错，反正人生这玩意儿，过了就过了，我不是迈克尔·杰克逊也不是乔布斯，犯不着去改变世界。

我很欣赏过一个女孩，她曾威风凛凛站在演讲台上，在气势如虹的配乐中讲解她的参赛作品，语毕，掌声雷动，台上的她，如一代女侠破空而出，够酷。生活中的她，少了几分锐利，她皮肤白皙，面孔俏丽，与她遥遥对坐时，她展颜一笑，仿佛万千束光打在她身上，够美。

本以为这样的女孩未来将光芒万丈，再见到她时……罢了，不再多提。她像是失了魂，不苟言笑，眼神放空，外表还算是光鲜，可明显看得出，她已失去了少女时的冲劲。

我感到惋惜，也不愿过多交谈，细究到底她人生这几年究竟发生了什么才让她转变如此之大。

去年，我参加微博的一场线上访谈互动活动，她全程看完我回答的每个网友提问，在活动结束后，她在微博发私信给我，问：你还记得我吗？

我当然记得她，谁都会记得最亮的那束光，即使她会慢慢黯淡。

她自顾自打了好几大段话来，大概表示羡慕我现在的生活，后悔当初慢慢觉得坚持和努力没什么用，选择天天晚上去酒吧喝酒、白天在宿舍睡觉的生活，毕业工作两年来，也浑浑噩噩，不知未来在哪里。

我回复：我还记得我们认识时，你那场演讲，一直记得。

3 天后她回复了我，说——

看完你的回复，我大哭了一晚上。

有一个词，每次听到，我都感到心酸，叫“迟暮”。

初读《楚辞·离骚》时，我看见这句“惟草木之零落兮，恐美人之迟暮”，倍感悲凉，后来越来越多人爱说“英雄迟暮”，含义类似。

最心酸的，并不是“迟暮”。“迟暮”好歹也如朴树在《平凡之路》中所唱，“我曾经跨过山和大海，也穿过人山人海，我曾经拥有着的一切，转眼都消散如烟”，曾经无比璀璨过，过完喜欢的一生后，英雄美人皆迟暮，平凡才是唯一的答案。

这让我想起悟空在拜师求艺时说：“我无性。人若骂我，我也不恼；若打我，我也不嗔，只是赔个礼儿就罢了。一生无性。”你以为他是无法无天的反叛者，以为他是遇佛杀佛的杀胚，以为他是血性男儿，是孤胆英雄，那一句“俺老孙是齐天大圣”多血脉偾张，染一身血腥大杀四方再踏遍风尘，传说只给他人言说。

未料，他在习得那一身本领尚不是不死之身时，也只是见机行事、怕惹是非、畏畏缩缩的普通石猴。

英雄迟暮令人唏嘘，可英雄也曾懦弱，虽多了分真实，但也多了分幻灭。

最心酸的，是从未璀璨过，在不喜欢的人生中耗费了太多光阴，想要再次起身时，才惊觉腰已被压弯，无法直起，望着眼前荆棘，只懊恼过往曾有越过它的勇气和体力时未曾行动，如今只能踏着荆棘，鲜血淋漓也不能逃离。

你害怕吗？怕一辈子都过不喜欢的人生，做不喜欢的事，和不喜欢的人相处吗？

人生由无数场折子戏组成，你方唱罢我登场，有些戏令人昏昏欲睡，有些戏令人拍案叫绝。我们的人生，大多数时光都在昏昏欲睡的无聊中被消磨殆尽，可总要有那么几出戏，艳惊四座，掌声震耳欲聋。

别到最后，你沦落到那么几场值得回味的好戏都未曾出演，收幕撤台时，荒凉，荒诞，荒唐。

在有勇气和力量越过荆棘时，就越过去，哪怕你落入荆棘，最终的结果仍是满身鲜血，可你仍能逃离，满身伤口最终都会结疤落下，痊愈也不是不可能。

别等，不要等，不要等到彻底被磨去锐气、失去动力时，才发现在荆棘中痛不欲生，那时候再逃，你逃不掉了，你永远只能活在挣扎中，永远困在你不喜欢的荆棘人生中。

我只想成为 1% 的人，过我喜欢的人生。

你要懂得这10个道理才会成熟

我不想看见你在深夜里号啕大哭，也不想看见你站在街头茫然失措，我知道你总是在疑惑：是不是年轻就意味着做什么都是错的?

20多岁，多尴尬的年纪，除了年轻外一无所有，想要证明自己偏屡屡碰壁，想要改变什么却不断被改变，没有多少人会认真听你的话，没有多少梦可以轻松实现。

所以，20岁后的你，在挣扎，在慌张，在迷茫，在重塑三观，在反思总结，在找寻未来，你很清楚：你不成熟。

20多岁，多好的年纪，还可以犯错，还可以被原谅，即将步入社会的你，别再那么单纯无知了，你不可以再犯错，也不可以再乞求被原谅，你要懂得这10个道理，才会成熟。

1. 别轻易暴露真实情绪，更不要交浅言深

交浅言深是大忌，我明白你迫不及待想要交到新朋友的心，也明白你想说获取别人信任就得先信任别人，可是，交心向来危险，交浅言深更是危险至极。

你该学会做个不动声色的成年人了，别轻易暴露你的真实情绪，你的愤怒会让你失控，你的狂喜会让你失态，你的悲伤会让你失心，你不假思索展露的情绪和说过的话，都有可能成为你后悔的源头。

2. 别总反驳他人，更不要总在他人面前抱怨

赢得尊重，是靠你的实力、你的人格魅力，不是靠你一张嘴。逞口舌之快，只会遭人厌恶。生活不是辩论赛，非得争个输赢，更何况辩论赛上恶言相向的人都惹人讨厌。

世界是因为观点的不同才变得有趣，有时候根本不是你说赢了，而是别人不想理你了。还有，不要戾气过重，不要传播负能量，不要做一个爱抱怨的人，更不要在别人面前说他人坏话，这些，都会让你变成不受欢迎的人。

3. 工作 8 小时外怎么用，是你个人价值的体现

工作内的 8 小时，你要先做到高效利用，别白天上班不做事，晚上加班自我感动。工作内的 8 小时，是你必须要尽到的责任，也会让你成长。

工作外的 8 小时，才是你个人价值的体现，不要一下班就回到家刷剧、打游戏，或者撸串、吹牛，你要想想，怎么提升自己。

平庸的人和优秀的人，差别往往就在这8小时上了，当你在“享受”时，他人在努力，你凭什么嫉妒他人的成就？

4. 少刷社交网络，少看综艺节目，多看工具书和名著

你大概每隔两三分钟就要看看朋友圈或者微博，刷了一天，获取了大量信息，可什么也没记住。你最爱消磨时间的方式是看综艺节目，大笑或者流泪，可什么也没学到。

多看看工具书，金融、管理、互联网、法律、心理、营销等类，知识总会帮助你成长。多看看世界名著，千百年来的经典思想和文化，你会在阅读后成为更有品味的人。

5. 你的能力是与你最亲密的六个人的平均值

交友不应该有功利心，可有些无用社交，你也的确需要放弃。

我始终相信，一个人能不能获得成长，和他的环境至关重要，你身边都是些怎样的人，往往会注定你是什么样的人，当你不满意现状时，通常是身边的人让你失望。

你的能力，会是与你最亲密的六个人的平均值，请谨慎交友。

6. 学会耐心听别人说，别总是聊自己喜欢的东西

聆听，会让你变得有修养，交流，是灵魂的碰撞，不是单方面的输出。一场高质量的对话，建立在有效的聆听上，建立在话题共鸣上。

我知道你想分享你喜欢的东西，可是，请你想想，如果你是对印度文学丝毫不感兴趣的人，有个人在你面前不断聊印度文学发展史，你会有交流的欲望吗？同理，你要学会观察他人，别总聊别人不感兴趣的话题。

7. 别拖延了，熬夜解决不了根本问题

除了那些真的迫在眉睫的重要事情，大部分事，不值得你熬夜。你熬夜，往往是你低效率的体现，是你为白天拖延感到愧疚想要用熬夜来弥补。

早点睡，定个6点的闹钟，起床，列下待办事项，给每件事设定完成时间，安排妥当，高效执行。如果你选择熬夜，你换取的是第二天难以早起，或者昏昏沉沉，你将陷入恶性循环。

8. 金钱不是人生最重要的事情

很多营销号气焰嚣张地说：没错，我就是喜欢钱！

金钱很重要，你赚钱多或少，从很大程度上也反映了你能力高低，但是，别将金钱视作你人生最重要的事情，这很可悲。

问你一个问题：你为什么要很多钱？

有人说要更好的生活，钱会让生活更幸福；有人说要实现更好的梦想，钱会让梦想实现得更容易；有人说要让家人更有安全感，钱是稳定的保障。

看，金钱的最终价值都是实现别的东西，如果你将金钱视作最重要的事情，你会失去太多，太不值得。

9. 要学会妥协，更要学会决不妥协

妥协，是人生要学会的一堂课。为了实现梦想，为了经营感情，为了各式各样的目标，我们都要做出一些妥协，过于坚硬，反而会破碎。

人生更重要的，是决不妥协。侵犯到你的原则、你的底线的，你要摆出最强硬的姿态，不可以低头，不可以妥协，当你打破原则、失去底线时，你会走上最黑暗的人生。

做个善良的人，守护好你必须要守护的东西。

10. 孤独是人生的常态，也是成长的内因

终于说到孤独了。

20 多岁的你，很容易孤独，无论你是没有朋友还是朋友很多，你常常会觉得孤独。

孤独是人生的常态，接受它吧，享受它吧！我始终相信孤独会让你成长，唯有孤独，能让你冷静思考，如果你还为孤独所困扰，是你还不成熟。

20 岁后的你，该成熟了。

我知道你失去了很多，别再懊恼，放下它；我知道你想得到很多，别再感性，成熟起来，你的未来，该比繁星还璀璨。

当你选择放纵和虚度时，你的人生正在被毁灭

当你过度放纵时，是在堕落；当你终日虚度时，是在自杀。

人生有无数种活法，成功从不需要定义，你可以选择在北上广厮杀，拼搏一份万千人羡慕的职位和薪水，你也可以选择在世外桃源般的小镇，优哉游哉享受下班后与旧友喝几杯酒的平淡生活，无非是生活方式，只要你喜欢，只要不危害到他人，都是成功的。

放纵和虚度，即使你喜欢，也会危害到他人，最终你将毁灭你自己的人生。

每当有明星吸毒被抓时，心疼的粉丝们最爱用的洗白话术便是："他是自己吸，没让别人吸，有什么错的？可以不喜欢，但不要伤害！"

吸毒自然是放纵的生活方式，吸毒向来会伤害到他人，无论是亲朋好友，还是远在天边的缉毒警察，无数吸毒的人都迎来了

毁灭的结局，鲜有成功案例。

吸毒当然是放纵里的严重行为，其实，生活中还有很多放纵行为看上去并没那么严重，但也相当于慢性自杀。

有人爱喝酒，喝酒本来是一件浪漫的事，放纵的人会将它演变成一场场灾难。在酒局上放肆地喝，最终喝到失去理智，做出一件件匪夷所思的事，有人洋相大出，成为日后笑柄，有人本性暴露，说出难听话语。

酒后斗殴的事情，数不胜数，酒后驾车酿成的惨剧，更是让人唏嘘。

有人会放纵食欲，有人会放纵烟瘾，有人会放纵戾气，放纵所带来的后果，无非是离你最想成为的自己越来越远，你最重视的那群人也会纷纷离你而去。

我认识一个姑娘，她放纵的，是她的欲望，无论是情欲还是金钱，她都在放纵。她享受床笫之欢，也享受不劳而获的金钱，最终与无数金主睡过之后，染上赌瘾和毒瘾，最终的结局，想必不用我说，你也猜得到。

什么都不干虚度光阴，听上去真的很舒服，可惜，一摊烂泥的生活，过起来其实很难受。

很多大学生在刚读大学时都无比亢奋，兴奋期过后，发觉大学与他们想象的不一样，又找不到自己真正喜欢的事情，于是天天喊着“读大学没用，如果能让我做喜欢的事情我会很厉害”的口号，躲在宿舍里睡觉，熬夜刷剧、打游戏，一天天过去，混到大四，接着骂“读大学一点用都没，什么都没教会我”，然后失业，忘了自身也未付出过什么努力。

《银魂》里有段台词讲得非常好——

“你就想在没有家人陪伴的空荡房间里孤身一人，继续过着假期吗？所谓假期，是要完成作为生活基础，也就是劳动的义务后才能成立的，只有假期的话，是没法称之为假期的，万事万物都是如此。

“就算是假期，如果没有尽头的话，跟无尽的工作也没什么两样，义务会变成痛苦。就是因为会结束，假期才能称为假期，就是因为会结束，工作才能称为工作，永不结束的暑假，就跟无限地狱是一样的啊！”

如果你觉得整天待在屋中，躲在被子里刷剧、打游戏，饿了叫外卖，困了睡，睡醒再接着循环以上行为的这种生活很舒服的话，你可以尝试连续3个月这样活着，你会发现，你拥有的，是一身赘肉，糟糕的皮肤，愚笨的脑袋，以及，无法正常生活的人生。

若你想要获得属于自己的成功，不要放纵自己，懂得控制自己的情绪和行为，别被自己的心魔所绑架，不要虚度光阴，及时行乐的含义不是让你成为游手好闲的废柴，是让你找到真正快乐。

没人会喜欢不顾他人只顾自己的人，没人会喜欢一无是处、事事无成的人。

我始终期待一种极简的生活方式，无关富有或贫穷，无关强壮或弱小，无关男女和老幼，无关身份和地位，只关于重塑自己。

所谓极简主义生活方式，莫过于自制，懂得约束，莫过于自知，明白自己想要什么。人生在世，绝大多数的欲望都是无用且累赘的，绝大多数的时间都会被消耗浪费的；自制，自知，远离放纵，远离虚度，才会让你得到你真正想要的，换取一份久违的简单、美好和轻松。

你想成为怎样的中年人？

在过去的一年里，经常有人问我——

“你坚持和努力的意义究竟在哪儿呢？”

我说：“我在恐惧。恐惧我变成我最讨厌的那类中年人，甩着油腻的肥脸，顶着啤酒肚，一事无成，平庸至极，在公共场合大声嚷嚷着，把自己当成天王老子，指责这批判那，将人生过成大写的 low。”

人生最恐怖的事情不是庸庸碌碌一生，是不仅庸俗，还过得媚俗，不少令人憎恶的中年男人都是如此，我不允许自己堕落成那样。

我采访过不少 30 岁以上的职场精英人士，有名快 35 岁的人给我留下了很深的印象，我问他：

“你在上海有房有车，有妻有子，人近中年，大多数人都会寻求安稳，你为什么在这种情况下做出职场转型？风险很大的。”

他不急不缓，说："当一个人没车没房、没事业没家庭时，才会向往安稳。如果一个人年纪大了，还没有危机感，那么，当中年危机降临时，他会成为资本寒冬中最先被淘汰的。人近中年，总把理想压给子女，自己又不给子女创造更好的条件，他的中年，只是年纪大，而不是价值大。"

他是我喜欢的那类中年人，像李宗盛，像蔡康永，不急不缓将生活的道理告诉你，他自身又有着极高的水准。

我想起读高中时，有两个中年人的表现让我铁了心要变得更优秀。一名中年人，在拥挤的小面馆里抢了学生的座，还摆出要教训学生的模样，出了面馆，他看见身居要职的熟人，脸上堆着笑，点头哈腰，握手递烟，寒暄完分别后，一张老脸拉下去，一口痰随意吐在地上。

还有名中年人，圆脸，圆肚子，站在河边，低着头，被妻子怒喝，他的妻子在公共场合大喊大叫，犹如泼妇骂街，他阴着脸，抽着烟，听着辱骂。

我这辈子，都不要活成这两类中年人。时光可以使人变得圆滑，可变得圆滑，不代表要让你在地上打滚。

我愿 30 岁、40 岁的我是这样的——

岁月给我留下的痕迹是智慧，而不是衰老。用自身的实力、修养去赢得他人的尊重，而不是用年纪大去压别人一头，说出什么"不听老人言，吃亏在眼前""我这是为你好"的蠢话；面对年轻气盛的小朋友，不是用训斥，更不是去打击，而是去宽慰他们，帮助他们，让他们成为更好的人。

一名历经沧桑、阅人无数、饱读诗书、温文尔雅的中年人，多有魅力，我知道要做到很难，可我更明白，那种蹲在路旁高谈世界政坛、商业机密的中年人，永远得不到尊重。

你想成为怎样的中年人?

千万，别到以后，你变成了你最讨厌的那种中年人。

在一无所有的学生时代，我常常和身边好友说："我们千万别轻易被磨平了棱角，浇凉了热血。我知道，无数人在宣导，人步入社会后，会变得拜金，变得没有理想，变得庸俗，变得三观不正，年龄越大越会成为老油条，抱着'差不多就得了'的心态混一生。可我们，一定要坚守自己的底线，捍卫自己的原则，要对得起心里的那个少年，别变成我们最讨厌的人。"

我成熟了不少，圆滑了不少，稳重了不少，终于懂得在商业社会和人情世故里如何拿捏，也懂得适当妥协，很多人评价：一年前，你学生气很重，如今，根本看不出来你才毕业一年多。

我有时会反思，脑海里全是学生时期不可一世的自己，一腔孤勇，空有热血，得罪了很多人还不自知。

如今，我认识了一大帮人，关系都很好，是不是证明：我年龄越大，也变得越世故，过分圆滑，忘了年少的自己要坚守的东西?

不，不是这样的。我虽愈发理性，也愈发冷静，甚至显得不近人情，但我的血液还是热的。我虽愈发重交际，也愈发懂套路，可能被误解功利心重，但我的初衷仍牢记。

我想起前段时间，朋友收到了律师函，我始终认为那位寄律师函的"网红作家"令人厌恶，我毫不犹豫，写下声援，抒发我最想说的话，即使如我所料，我遭到了很多攻击，面临了很多反对，但我不后悔。

有些话，我说过很多遍，我仍然会一遍又一遍跟身边人强调，跟自己强调——

要永远活成少年般的自己，别人不坚守的原则，我要坚守；别人屡屡打破的底线，我要守住。世界很荒诞，有太多阴暗面，我不可以视而不见，我要用我的方式守护内心绝不可以被弄脏的地方，一旦触及我的底线、我的原则，我会比你想象的还要强硬，决不妥协。

我有很多想要去做的事，我有很多想要去改变的现状，我有很多不可以放弃的理由，如果连我都开始慢慢变得畏首畏尾，过于权衡利弊，在我看来，那不叫成熟，那叫懦弱。

永远，永远都不要活成我最讨厌的那类中年人。

我总想起年少时让我感到厌恶的那两个中年人。

我更是不能忘记当初的自己，那个孤独、倔强、无力的少年。我很感谢时间，让那个少年变得强大，磨去了当年的戾气却未磨去年少的锐气，从向往温暖变得懂得传播温暖，从等待帮助变得帮助他人，不管人生发生了多少事情，我始终都还是那个我。

我曾经写过——

“我的坚持不是毫无意义的，我等着呢，等着和你们，一起走上顶峰，看一看，那风景，到底有什么不同。”

少年时的你，难以登上顶峰，你要花费很多年，才能看见不一样的风景，那时，你已近中年，你是想在半山腰时昏昏沉沉睡去，还是一如少年，走上巅峰？

你别将自身的平庸都归结到年龄上，更别说是社会原因。从来都和外因无关，只有你愿不愿意，够不够努力，只有你可不可以阻挡年龄的摧残，会不会甘心成为庸俗至极的那类中年人。

更不要倚老卖老，彻底失去动力后的你，看着发福的肚子，摸着发皱的头发，面对挑战和危机，不会再有热血沸腾的感觉，你将变老当作理由，遮掩你脑袋空空的事实。

太可惜，你一旦承认衰老，你就真的老了。

20 岁的我，25 岁的我，本质上没有区别，唯一区别在于如今的我更为强大，更清晰知道自己想要什么。

我会用尽我全部的力气，去实现我曾经许诺的誓言，去成为更让人尊重的成年人。很多人曾说我妄想，我在坚持，如今仍有很多人说我妄想，我依旧坚持，我知道，我会证明我是对的。

我更清楚——

我根本不要去证明我是对的，我所做的一切，都是为了成为更好的自己，帮助到更多的人，改变不好的现状，成为自己心目中理想的那个人，即使中年人，也有一颗少年屠龙的心。

我从不愿做随波逐流的人，所以，我不会去理会他人变得怎么样，至少，我是理智又不失热血的那个人。

这是我内心最深的渴望，我不允许自己中途放弃，我有那份底气，更重要的，我更想承担起成年人该承担的责任。

无论你身边是怎样的人，无论你想成为怎样的人，你一定要反复告诉自己——

别到了最后，你变成你最讨厌的那种中年人。

学写作、跳舞、钢琴什么时候都不晚，还犹豫就晚了

经常有人发私信问我——

“我快 30 岁了，想要学英语，想要转行，是不是太晚了？”

如果问起当初为什么不去做，会有太多理由，例如学业例如经济例如家人反对，如果问起当下为什么还不做，仍有太多理由，例如工作例如担忧例如害怕太晚。从来都没有什么晚不晚的问题，只有想不想做的问题。

我想告诉你：30 岁学写作、跳舞、钢琴都不晚，还犹豫就晚了。

6 天前，“汉语拼音之父”周有光去世，享年 112 岁，生命跨越过四个时代。他的一生，总是在“错位”，并没有如他所愿，一生在做他最初想做的事，但他每件事都做得很好。

他 50 岁才开始做“文字研究”，却带领团队研究制定出“汉

语拼音方案”，他 74 岁才做成最初想当的外交官，最终让国际标准化组织通过汉语拼音方案，让中国标准升为世界标准。

周有光说：“人生就是一个增长弧线，100 岁就是一个关口，1 岁至 10 岁是生长期，20 岁至 80 岁都可以正常工作，90 岁至 100 岁才开始衰老。”

他到 85 岁才退休，他甚至在没多少人会打字机的 30 年前，自学打字机，在剩下的岁月里打出了超出百篇的专业论文与多达 20 多部的专著。

而他在 50 岁之前，是金融学家和经济学家，与语言学并无太多关联。

我总看见如今不少人在悲叹：我都这么大年纪了，再去学新的东西，会不会太晚了?

说这些话的人，年纪也不过二三十岁，他们在哀叹“太晚中”虚度光阴，20 岁时后悔 15 岁没坚持去学喜欢的事，25 岁时叹息 20 岁怎么还没有行动，30 岁时觉得 25 岁也不晚怎么就没狠下心呢。

到头来，碌碌无为，最终叹息道：要是我当年坚持下，我也不会像现在这样了。

任何念头，最好的时机都是现在。你还记得你最想做的事情吗?

我始终记得我最想做的事情。

中学时代，我最想做两件事：一件是成为在无数报刊上发表文章的作者，并且要出书，要有个成千上万人关注的博客；另一件是写好多歌，会好多乐器，做一张自己作词作曲、找志同道合人演唱的专辑。

博客已经死了，纸媒快死了，纸质书尚有一丝市场。幸好，我在纸质阅读还没彻底完蛋前，将第一件事在去年全部实现，只是博客换成了公众号。未来，我还会发表更多文章、小说，出更多书，获得更多人关注，我坚信不疑。

第二件事情还没有着落，但我没有忘记，2017 年的计划中暂时没有它，但我记得，我终有一天会完成。

我总是不能忘记十六七岁的自己，他咬牙切齿，他愤世嫉俗，他一事无成，他不被认可，但他知道他想要什么，即使那么模糊，也不知如何实现。

如今我总算清晰了，更知道要什么了，也知道怎么实现了。

固然，人的精力有限，一生做好一件事都难，但我明白我为什么而活，所以我要去做，将他人眼中不可理喻的事情，一件件实现在众人眼前，不是为了欢呼、羡慕和崇拜，我只为了我的渴望。

第二件事也许到后年、大后年甚至 30 多岁才会完成，但我势必会完成。如今，我想要做的事情，想要尝试的新技能，想要达到的新目标，会有更多，不少事情，我都错过了最佳学习时间，但我从来都不觉得晚。

我清楚，最好的开始时机，便是当下。

如今，我实现目标时再也不会欣喜若狂，并不是凉了热血，是我明白，我怎么一步步实现的，这让我不仅有宽慰，更有动力。

从来都不会晚，从来都不会晚，我一遍遍告诉自己。

我在很久前写过这段话——

“不要把梦想的破碎都怪罪到时间上，更不要怪罪到现实上。从来都不是时间的问题，是敢不敢放手去做的问题，所以热爱的事情一秒也不要耽搁。

“更不是现实的问题，如果你只是因为害怕现实残酷就悄然放弃，那是因为你根本不热爱你的梦想，把现实当作挡箭牌来耍赖撒娇。

“很遗憾，你过了耍赖撒娇的年纪。”

你始终在错过世俗眼中最佳年纪，你更没有时间去懊悔去请求宽恕，你曾经许下的每个誓言，若不能一一实现，你不会觉得脸格外疼吗？

也许你不会，岁月会将人的脸皮磨砺出一道道老茧，遮挡所有耳光，从不会疼，也不会红。

只是，没人关心你疼不疼，更没人关心你会不会去做你想做的事情。只有你自己关心，可你，竟还在担心会不会太晚的问题。

我只愿你还能对得起年少时的你，时光带给你的应是经验和稳重，而不是倚老卖老惹人生厌，为自己找借口，这根本不是成熟，是懦弱，你质问过你的内心吗？

从来都不晚，愿你能在未来，庆幸如今的你能及时行动，而不是捶胸顿足，悲叹太晚。

我所认为的最高级的性感

性感是什么？袒胸露乳秀腰秀腿？年幼无知时，我也肤浅过，认为女人的性感无非是脸和身材，事实上，视觉层面上带来的吸引力，永远是最表层的，也是最不牢靠的。

有思想有气质的成熟独立女性，才有真正的性感。

有人说：工作中的男人最有魅力。我想说：这句话同样对女人也适用好吗？每次，我与她们多交谈几次，我便越沉迷于她们的魅力。

我认识不少漂亮女孩子，关系交好的，只限于灵魂与外表都很美丽的。

我运气不错，很少遇见空有外表的女生，也遇见过，初见时，自然会被外貌所吸引，但交谈下来，只觉得乏味，深入了解之后，不会想要再约出来见面的。

我认识一个女孩子，其貌不扬，个不高，微胖，打扮普通，第一次见面时，我完全没有注意到她。

在之后的游玩中，她引起了所有男生的注意。她从意大利留学回来，博士学历，会三国语言，言谈举止落落大方，情商与智商都是碾压人的存在，当她说话时，所有人都静静听她说，被她所吸引。

那瞬间，其他女生再漂亮，在她面前都黯然失色。

有些人会说：女生读到博士有什么用，那么高学历、那么晚不结婚，还不是没人要？我只想回应：肤浅的人，永远不知什么是真正的美好，甚至连其所期待的肤浅的美好也成了奢望。

毫无疑问，人类易堕落的天性使得我们更容易变得肤浅。无论男生女生，谁都喜欢好看的，可是，相处一久，那些空有外表、没有灵魂的漂亮面庞和美好肉体，会让人厌恶。

乍见之欢永远比不上久处不厌。一见钟情是情欲作祟，爱到深处看见的，是灵魂，而非肉体。

我很崇拜扎克伯格，熟识我的人都知道，我将他视为偶像。

很多脑袋空空的人都嘲笑扎克伯格，富可敌国的扎克伯格居然娶了个丑女，不像传统意义的富豪们一样，包养着好多身材火辣的模特和网红。

针对这个问题，扎克伯格是这么回应的——

我先谈谈什么是美女，什么是丑女。

是的，我有大把的机会见到各种美女，可是我看见那些所谓的美女，心是玻璃心，病是公主病，还有傲娇症，还问我为什么那么有钱了却不换一辆豪车。我知道她想换豪车是想出去显摆，是想自拍发 Facebook 吧？

这样的女人就算外表再美，心灵也是荒芜的，因而也是丑陋的，灵魂是卑微的。这样的美女，我看才是真正的丑女。

而且，外表的美是会随着年龄贬值的，而内在的美是会随着岁月增值的。这一点，华尔街所有的经济学家都懂得，所以我和他们一样，不会去碰那些会迅速贬值的东西。

那么我爱普莉希拉·陈什么呢？

女性的容颜是她心灵的写照，她的笑容永远是清丽温和的。自从怀孕之后，她也完全没有在意自己的容貌因为怀孕而产生的变化，依然是朴素的穿着，不施粉黛，可是她的幸福我完全感受得到，也可以被所有人看见。

我爱她的上善若水与真实质朴。我爱她的表情：强烈而又和善、勇猛而又充满爱，有领导力而又能支持他人。我爱她的全部，我和她在一起，感觉很舒适很自在很放松。

扎克伯格的妻子普莉希拉，发布了一个终极目标：将在 2100 年前治愈所有疾病。

她将在未来 10 年中投入超过 30 亿美元，用于治愈全世界所有的疾病。普莉希拉说——

这些都是宏伟的目标。我们需要做出赌注，我们可能需要 25

年、50年甚至100年才能完成这些目标。如果我们从现在开始启动，我们将可以取得实质进步。

这才是女人的性感，致命的魅力，会让人疯狂爱上。

女人，到底怎样才会被人爱上呢?

其实，被不被人爱，根本不是衡量一个女人的标准。她所展现的人生态度，她所做的事情，才能真正定义其价值。

时间教会我的，是如何正确衡量一个人，更让我懂得，什么样的女人才值得热爱。我愈发欣赏成熟独立的女性，当她们聊工作、聊理想、聊情怀、聊人生时，真让人着迷。

有思想的女人，从来都不会让自己不得体出席，也许上天没给部分有思想的女性美丽的容貌，但时间终将凸显她的魅力，越往后，她们会越美丽。

美丽的皮囊终将会皱纹满满，灵魂的美感是永不腐朽的圣光，有思想有气质的女人，才拥有最高级的性感。

35岁的你，会不会憎恨25岁不努力的你？

如果我告诉你，35岁的你是个loser，拿着微薄的薪水，住在臭熏熏、乱糟糟的群租房中，无人相伴，成天受气，你会怎么想？

你很可能要和我翻脸，说：你凭什么这样说我！

我当然不会这样说你，我更愿意赞美你，祝福你，我希望你未来的生活足够美好。只是，有些时候，你会不会觉得恐慌——

每当你放纵自己虚度光阴时，有想过未来，真的变成你最讨厌的模样吗？

最近一年，我认识了很多新朋友，朋友圈常常看见他们出新书、作品被影视改编、成立个人工作室的状态，越看，我便越不敢对自己放松。

去年末，我和作者朋友们吃饭时，我们达成的一个共识是："绝不能把我们喜欢的世界让给我们讨厌的那群人。”

我们讨厌的人，是怎样的?

每个人都会给出自己的答案来，怕只怕，你慢慢活成你最讨厌的模样，还要感叹：没办法，人终归要变成自己曾最讨厌的模样。

原谅我要打醒你：这么自暴自弃说这种话的你，真让人觉得挺讨厌的。

我很庆幸，我的圈子里有越来越多真正努力的人，不抱怨，不散发负能量，永远朝着目标前进，一步步变成自己最喜欢的样子。

抱歉啊，我不想就这样认命了，去做一个“自己最讨厌的人”，我只想成为“我喜欢的自己”。

我总想起我刚来上海时，最开始也做着不喜欢的工作，每天都觉得日子是煎熬，每个夜晚，我都会把自己锁在屋子里看书、写作，合租室友喊我出去玩，我几乎都拒绝了。

他们说：我觉得你这样活真累，真压抑。

一年半过去了，我再听身边人说的话时，都慢慢变成了：真羡慕你能选择自己喜欢的生活，做自己喜欢的事。

我知道世上大多数人都只看结果的，在令人瞩目的结果来临前，多半是不被人理解的，这个过程很痛苦，但相信我，你要坚持。

2017 年，我做了一整年的计划，发给几个要好朋友看。

他们都说：你疯了？想累死自己?

过了一会儿，他们又说：如果是你的话，肯定能行，你总是会把定下的目标最后给实现。

我也相信。

中学时还有大学时的我，和现在的我本质上没有多少区别，无非是那时候没有机会让自己做出点成绩来，所以总是被一些人嘲笑。那时候的我，还会心中愤愤不平，像极了每个中二少年，在心里喊着：总有一天要让你们好看！

如今，我心态平和了太多。我也明白：那些热爱嘲笑努力的人，我注定不会和他们成为朋友。很多年过去，我不会再想着要让他们好看，我与他们也彻底断了联系，而我只想一步步做完我所有想做的事，已无所谓他人的评价。

当心无旁骛时，我的身边聚集了太多与我类似的人，互相鼓励，互相扶持，我们都太过清楚：找到喜欢的事情不容易，坚持下来更是困难，可永远都不要放弃，要做自己喜欢的那个人。

要做自己喜欢的那个人。这句话，我在心里重复了太多年。

如今我 25 岁，所作所为，算是对得起 15 岁的自己，虽然有些梦想，没能对得起 10 年前的自己，来得有些晚了，但迟到了终归还是到了，我没有成为 15 岁的我最讨厌的那种人，直至今日，我也依旧保持初心，与那类人保持距离。

回想过去 10 年，我有太多次，险些变成那类人。

如果我没有坚持自我，如果我没有死守底线，如果我没有在千万人阻挡、嘲笑、误解中依然咬牙前行，我会不会不再是现在的样子，我会不会憎恨自己当初没有再努力一点？

我会的，我肯定会憎恨的，我怕极了不能成为我理想中的模样。

人活这一生，要取舍太多东西了，我恐惧未来我的身边都是一群我最讨厌的人，人之所以无能，正是因为被迫生活在不喜欢的环境又无力改变。

我选择让自己变得更好，远离我不喜欢的圈子。再回过头，我惊喜发现：当初那个孤独的少年，如今身边也有无数人相伴。

多好。我们都向往美好、真诚、简单和善良，哪怕有再多人说不可能，我们也会用实际行动告诉他们：别人眼中的不可理喻，我都会一一将它变成现实；别人丢弃的天真烂漫，我都要把它们回归到最美好的原始模样；你说的不可能，我都有信心将它变成可能，你想要放弃，我可不想。

至少，我要让 10 年后 35 岁的我，对现在的我说一声：谢谢你的坚持和努力。

你还有多少个 9 年可以去挥霍?

我曾加上一名著名作者的微信，我和他说，“高中时，我便在杂志上看你的文章，从未想过有一天会认识你。我如今也在上海，如果可以，期待能与你见面。”

他说，“你这么讲，我真的很开心。不过，我要去北京了。”

聊这些天时，我在上海虹桥动车站，接从北京来的人。

我沉默许久，草草回了几句：“期待你的新作品，无论是小说还是剧本。”

他 2007 年来到上海读大一，我 2007 年刚读高一，那几年，我在杂志上看他们的爱恨情仇，后来，纸媒没落，新媒体盛行，我去翻微博，纸媒时代的人气作者，做起新媒体来，依旧是最红的那一批。

一眨眼，9 年过去了。

我们还有多少个 9 年可以去挥霍?

9年，可以让一个人的性格发生数次转变。

转变的代价是失去，我越来越清楚代价是来承担的，不是逃避，所以我也越来越看淡分离与遗失，因“分离”与“遗失”是每个人都必然会经历的，从出生到死亡，一生都在接触分别，一世都在不停遗失，若看得太重，本就不轻松的人生过得会太累。

我已经很累了，我不想再累一点了。

毕业后，机缘巧合之下我还是来到了上海，来到这座自大学起我就说我最喜欢的城市了，一年多过去，发现好像挺适应，甚至有永远留下来的念头。

那位去了北京的前辈在文章里这么写——

“虽然这座城市从来不认可我，也并非只是我，而是针对所有的外地人。但是我从未心生反感，在我眼里，这些都是上海的魅力。它的排外是因为开放，它的矫情是因为精致。

“而我与这座城市始终单方面握手言和是因为我也自由自在。所以我要走了，反正你从来没有拥抱过我，所以我要走了，但是我从来都深爱着你。我终于品味出了上海的规则，也对上海曲曲绕绕的大街小巷了若指掌，这种游走在城市中的熟稔并没有给我十足的安全感，反而突然让我觉得一种莫名的恐慌。这其实是我想出走的最深层的原因。”

他住在上海9年，最后在他用才华与努力换取了世人眼中的功成名就后，选择了离开，而不是驻扎。

我忍不住回想我的9年，我都做了些什么。

我做了些什么？

想来真是恐慌。

自以为叛逆、“独特”地读完了高中，自以为有想法、有追求地读完了大学，毕业跑来了上海，磕磕绊绊过了一年多，才慢慢知道自己要什么。

真是平庸的 9 年啊！

最可怕的是：过去的 9 年，我好像认为我一点儿也不平庸。

9 年，我不是不平庸，我只是不甘平庸。

高中时我好像几年都在拼命弹吉他，拼命写歌，自以为在做有意义的事，大学毕业后，我翻看那时候写的歌，不流畅的旋律，毫无逻辑的和弦编配，矫揉造作的歌词，我冷笑。

大学时我浑浑噩噩了好几年，大一在学生会跑腿；大二在酒吧里混迹；大三写了本网络小说，参加了几个比赛；大四考了次失败的研，开了报纸专栏。

我回顾这 9 年时，我才猛然觉醒：我挥霍了好多光阴。

我们还有多少个 9 年可以去挥霍？

我突然庆幸我来到了上海，一年多来，我把生活节奏放快了无数倍，我用一年时间，把过去 10 年想做的事情，大多数都做到了。

我仍为我浪费的时光而懊恼。

每次和朋友谈论如果能再重来一次大学时，我都会说——

“如果再重来一次，我不会去参加学生会和社团，我会专心刷高绩点，拿最高奖学金，写书，研究互联网，参加创业比赛。我想如果我早些年这么做，就会使我更靠近我想要的人生。”

懊恼是没有用的，我很清楚。

还来得及，如果从现在起珍惜你的时间，便还有机会，靠近你想要的人生。

我们已没有时间再去挥霍青春，因为你所不甘心过的平庸人生，便是在挥霍中一点一点降临的。

别到10年后才后悔不努力

前些时日，我和我的编辑见面时，他对我说——

“我对你有很大的期待。像你前辈的稿子，他给到我，我看几眼，就可以排版上稿了，几乎不用修改的，你和他比，当然技巧不够成熟，笔力不够老辣，你的稿子，我也不一定每篇都给你上。

“但是啊，我们这些写了十几二十几年的，水平都不会再有起伏了，我们每一篇都可以用，但或多或少都有些程式化。你年轻，有热情，哪怕缺陷很多，可你会让我期待，可能你突然有一天，就会写一篇让我拍案叫绝的稿子。你三十多岁再回过头看，你也会为自己叫好。”

他很关心我最近在写什么书，做什么内容，他一直在告诉我：很多事情，你不要想着曲线救国，不是到你红了、你更有影响力了，你就可以写更多你想写的东西了，你过了那个可以毫无限制的年纪后，你就身不由己了，所以，趁现在还没那么多限制时，多做自己真正想做的事，别为名利而困惑。

字字如金。

他是在我还只有不到一千关注时发现我的，让我发表了人生第一篇特稿，开设了人生第一个专栏。

我很幸运，很感谢他，也感谢自己。

两年了，我还是在不断写。

我做过很多人的采访。

有大学高学历、工作高薪水、一路不停晋升的职场成功人士，也有学历很差但凭借后期不断努力不断钻研成为公司高管的屌丝逆袭案例，还有学历很好可接连两份工作被开除的倒霉蛋，更有一年换了五份工作换来换去还是月薪极低的失败者。

我一直都说学历是能力的一种象征，因为从大数据来看，高学历的人始终在高收入人群占据高比例，但是，这不绝对。

因为，我总结了这些传统意义上成功人士的一个共性——

够拼。

那个大学高学历、工作高薪水、一路不停晋升的职场成功人士，他在读书时，能每天坚持出现在图书馆，拿下每年奖学金，工作后也没有停歇过努力，每个细节都做到最好，遇见最紧急的项目时，他可以连续几个月加班，直到完成项目。

他不成功，谁配成功?

别到 10 年后你才后悔曾经没努力啊!

我总是听见这样的抱怨——

“如果我当时多做一些题，我就能上更好的大学。”

“如果大学时我少打点游戏，多考几个证，就好了。”

“早知道英语这么有用，我那时就多背一些单词了。”

“我那时要是在红利期不放弃，我现在早就红了。”

当问及为什么不现在开始重新努力时，他们会说——

“现在考研？考 MBA？哪里有用，别人都看工作经验。”

“我哪有时间去看书考证啊，天天加班那么晚。”

“我现在学英语也太晚了，反正我也用不着了。”

“红利期都过了，我再进去，肯定没用了。”

我总算了解，失败的人之所以失败，不是因为他们运气不好，而是因为他们从最开始到现如今甚至到未来，都一个样子，不肯努力，后悔过去不努力，再否决现在努力的重要性。

前文说的那个学历很差但凭借后期不断努力不断钻研成为公司高管的逆袭案例，他在毕业后找不到工作，报了培训班学写代码，他在满是民工的群租房里，点上烟，煮上泡面，疯狂地看书，拼命地写代码，哪怕身边每个人都说他是傻子，做无用功。

后来，他用了 5 年时间，从一句代码都不会写的穷光蛋，成为年薪 70 万的首席技术官。

别再和我说学历、家境才能决定一个人到底能不能追求自己的梦想，才能让一个人实现财务自由，说到底，那只是你用来逃避自己够失败的借口。

你总是失败，你总是不能实现自己的目标，归根结底三个字——

你太懒。

我知道，你又开始给自己找借口了。

世界上最简单的事情就是为自己的失败找理由，质疑他人的成功有水分。

说到底，你不还是没有实现多年前自己说过的话、做过的梦吗？

不要把自身的失败都归结到运气上，更不能推脱到家境上。压根不是运气的原因，是你有没有不断坚持的底气，如果连努力你都要放弃，你还有什么不会放弃？

更不会是社会的罪过，你只是看着公知们在微博里这样骂，所以你也跟着骂，你连思考社会本质是什么的时间都没用过。你只是懒惰，不肯付出一点点努力，最后把问题都怪罪到社会和教育上。

就算给你最好的大学读，你仍然会逃课打游戏，就算让你在 BAT 里就职，你照样因为什么都不会被开除。

10 年，听起来很长，说实话很短。完成高考都用了 12 年，更何况毕业后的职场拼搏呢？我不愿意我 10 年后再回过头看，发觉自己没能做成事的原因只是没努力，我不能让 10 年后的自己活成我所讨厌的样子。

我不会理会那些天生负能量爆棚说的话，他们只会用自己狭隘的认知，去理解他们无法理解的努力和坚持，他们只是想把身边人拉到和他们一样低的层次，从不想着如何让自身成为更优秀的人。

我更加清楚的是——

事情，是给自己做的，目标，是给自己设置的，人总是要把热爱的事情一件件做完，目标一个个达成，才会活得有成就感。我不会管别人怎样活，我只知道，我必须要这样活。

我不会否定任何人的努力，我欣赏所有为梦想流过泪、流过血仍不依不饶的人，他们想要的成功，不一定是世俗理解的成功，但我知道，他们一定会找寻到他们想要的成功的。

你如果不想再一事无成下去，请你牢记——

别到 10 年后你才后悔曾经没努力。

你最努力的那一年，是你人生最美好的一年

我经常收到私信问我——

“觉得人生很黑暗怎么办？我好像努力也没有用。”

我常这么说：“你希望人生一直这么黑暗下去吗？你不害怕你未来身边的人，还是如今你痛恨的这群人吗？你如果不努力，我只能确定告诉你，你的人生将一直黑暗下去。”

你害怕吗？如果害怕，就别放弃，继续，拼了命努力。

每个人，都有无数难熬的夜。前段时间，老朋友问我：

“你现在为何心态这么好？怎么熬过去痛苦的时光？”

我说：“我也觉得熬不下去，最痛苦时，我也觉得痛不欲生，每晚每晚睡不着觉，也找不到人诉说，总觉得每分每秒都过不下去，什么都不想做。可是，我一想到如果我就这么被打趴下了，

可能会一辈子也站不起来了，未来会更痛苦。”

我过了很久，才想明白最简单的一个道理：最幸福的时光，往往在熬完痛苦之后。

之后的时光里，我的生活，好像中了那句著名鸡汤的魔咒：越努力，越幸运。

2016 年，是我目前以来，收获最丰盛的一年。有几个瞬间，我特别难忘，例如摔伤了手指，刚缝完针下午我就跑回了公司工作，例如外出游玩，用在动车上、在飞机上的时间写文章，例如午休趴着休息时，约不上的采访对象突然说有空了，我毫不犹豫抱着电脑冲去见他……

这一年，我总算取得了一些小小成绩。2016 年是我的本命年，其实也发生了很多不开心的事，4 月和 11 月，都是最难熬的时光，巧合在于，5 月和 12 月，我都收获了意想不到的成果。

去年，我比往常的每一年都要努力，成绩也比往常的每一年要明显，再回过头看，那些小小成绩会让我觉得美好。

请相信我，你最拼命努力的那一年，会是最美好的那一年。

去年我认识了一个作者朋友，和我同岁，在写作这一块，他比我强太多。我记得在我读大二时，我在燥热的宿舍里，买回来一本杂志，杂志上刊登着他的短篇小说，我认真看完，非常佩服。

4 年之后，我认识了这位作者，他告诉我那一年他是怎么过的。

那年，他也觉得自己一事无成，不擅长混学生会，也不是学霸，也没有什么特别的技能，在情感上还受到了挫折，好像这是最糟糕的一年了。

后来，他发现了写作。他废寝忘食地写，别人去玩乐时，他跑到图书馆疯狂看一本本书，玩命一字字写，写了很多小说，慢慢地，在很多国家级刊物上发表了小说，在大学时便出版了两本书。

他和我说起这些事时，我们在一个小酒馆里，他说得轻描淡写，我听得热血沸腾。2016 年，他想做新媒体，来问我一些经验，我只是大致和他说了说基本的规律，他很快就学到，半年时间，知乎涨了 6 万粉，公众号涨了 3 万粉。

正是大学时他非常努力的那一年，才让如今的他，做什么都显得那么轻而易举。

其实没那么简单，只有努力的人自己清楚，这个过程，有多辛酸，有多孤独。我和他每次交谈时，除了聊那些技术上的问题外，也不止一次提起自身的困惑和疲惫。

幸运在于，我和他都坚持下来了，无论有多少人不理解，无论忍受了多少委屈，我们都收获了各自想要收获的东西。

你真的要放弃努力吗？你真的要继续浪费时间吗？

我知道，你有很多困惑，你很想跟我说：世界太不公平了，我根本不知道未来会是怎样的。

你想过没有，所谓的公平到底是什么？如果将你羡慕的一切都给了你，对其他人也就不公平了，而你，会去考虑他们的感受吗？

公平，永远都只是个相对的词语。无论你身处怎样的环境，都会面临不公平的待遇。如果你满脑子想着讨回公平，而不是想着如何完善自身去证明自己配得上公平，你的未来，会很渺茫。

讨回公平，证明公平，是两个概念。

至少，对于我来说，拼了命把我想做的事情一件件完成，是目前最重要的事，不是去证明自己，是我想做，我喜欢做。

一年的时间，足够改变很多东西，你能幻想一年后的自己过得很美好，可如果你只愿意做思想的巨人、行动的侏儒的话，一年后的你，会还不如现在的你。

每一年，都要过得更美好，每一年，都要为配得上这美好更努力，而你，不可以放弃，要燃烧你的灵魂，沸腾你的血液，不用告诉所有人，只用告诉你自己：拼了命努力，是让你配得上理想中的自己，去做吧，我们在山顶约好相遇。

Chapter 3

很多人都忘却了年少的梦，活成了曾经讨厌的模样

很多人都忘却了年少的梦，活成了曾经讨厌的模样

不是每个人在孤注一掷后，都能苦尽甘来，更多人最终丢盔弃甲，一败涂地。

99% 的人都会放弃自己的梦想，我愿你成为那剩下的 1%，千万不要变成你曾经最讨厌的模样。

1

我很喜欢江南的小说，总会有让我共鸣的地方。

江南在北大毕业后，去了美国继续读书，他的导师差点儿拿了诺贝尔奖，他本该好好做科研，帮助他导师冲刺诺贝尔，到后来，他还是忘不掉写小说的梦想，凭着一腔孤勇回到中国。

他在上海时，没有很多钱，却总爱跑到外滩喝酒，望着黄浦

江旁的陆家嘴夜景，雄心一次次燃起，也一次次被浇灭。

后来，他从上海搬去了北京，依旧没有钱，江南认为最贵重的物品是存放在硬盘里没写完的数部小说，哪怕加起来也只有几 kB。

如今江南屡登作家富豪榜，少年总是失意，青年总算得意，他写了那么多年，总算写出名气了，在随笔里不知是无意还是刻意提起的名牌也越来越多，但更多的，他还是爱说起没有钱写小说的那段光阴。

前两年，我听林俊杰的概念专辑《和自己对话》，这张超高经费的大制作专辑里，有一首略显粗糙的歌，与其他近乎炫技的精品歌曲相比，略显格格不入，那首歌叫《现在的我和她》。

完整听这张专辑，你会发现这首歌之前，有首序曲，叫《十二年前》。

12 年前，林俊杰刚刚出道，后来他如何一步步成为天王的过程众人皆知，在他出道前，他写了无数首歌曲，都被老师扔到垃圾桶，后来，林俊杰的歌越写越好，在 18 岁时便发表了《记得》给张惠妹唱，再往后，几乎每一首作曲都能够被选中。

在新加坡时，有好几个好朋友给林俊杰的曲填词，其中有位作词者，每当他与林俊杰合作的歌曲寄给唱片公司时，老师们最后都要了林俊杰的曲，没有要他的词。

他一把鼻涕一把眼泪，最后跟林俊杰赌气说：我不能再浪费我的灵感了。

2

作词人放弃了创作，林俊杰从新加坡来到台湾，从幕后到台前，

12年来，两人都不再有联系。12年后，林俊杰制作这张《和自己对话》时，找回了旧友。

12年未见，旧友对林俊杰说：我要跟你说声道歉，也要说声谢谢，那时候是我太固执太幼稚了。你当时和我说了很多勉励的话，我没有听进去，这些年来，我才觉得你说得有道理，你说作为一名写词作曲人，不应该以浪费灵感作为借口而放弃写歌，太不值得了。

林俊杰笑着说：很多时候会有很多原因，让我们找个借口，说去找别的事情做吧，但也因为这样子，你放弃了你的梦想。

12年来，旧友一直保持着当年和林俊杰在新加坡一起演出的习惯，每年8月的第三个周末登台唱歌，唱那首12年前和林俊杰一起写的歌，这首歌曲便是十几年前未发表的《现在的我和她》，如今林俊杰和旧友合唱，收录在《和自己对话》中。

一首质量很普通的情歌，本不该收录在这张专辑里，有了这段故事后，再听，会觉得唏嘘不已。

12年过去，曾经起点相近的两个人，一个成了普通人，另一个叫林俊杰。

有多少人，与林俊杰的旧友般，曾因为很幼稚的一些因素，放弃了自己的梦想。

诚然，不是每个人都能成为江南、林俊杰这样的人，但成功和梦想本身就是私人化的词语，我们仍需要正视自己，和自己对话，给自己坚持的理由。

3

放弃比坚持更难？不，放弃无须太大的决心，在时光的洪流里，毅力常被冲刷得荡然无存，人易染上懒惰的习性，在不知不觉中放下捧在手心的星辰，甘心在灰尘里匍匐前行。

有日，你穿过漫天黄沙，不经意间瞅见摆在街边满是泥迹的老旧落地镜，镜中人让你惊觉：我成了我曾最讨厌的模样。

仿佛幼时，你涨红了脸吹一只气球，待它成型时，你不小心将它戳破，破碎声响起时，你惊惶失措。

毁掉一个梦想，比完成一个梦想，容易多了。你还可以吹很多个气球，有大有小，但都比不了你最初喜爱的那个气球，当气球们一一破碎后，你慌张的情绪也越来越弱。

人生便是一场越玩越熟练的游戏，可能打通关的，寥寥无几。

我愿你是 1% 的人，别忘记年少时的梦。

哪怕星辰坠入灰尘，你也要俯下身子在泥泞中将它捡起，肮脏也好，冰冷也罢，终归要找到它，放入温泉里洗净，放在阳光下闪耀。

你要换掉布满风尘的衣饰，戒掉早已成性的懒惰，将星辰再度捧在手心，放在胸前，望着镜中人，眼中烈火仍灼热，心中热血尚未凉。

再回头望，你站在五彩缤纷的气球中，会有万人喝彩：

人生这场游戏，你必须要漂亮地打通关。

你想要让牛人总是帮你，你得先给他提供价值才行

牛人之所以是牛人，是因为他的身边都是牛人。

不少不肯脚踏实地的人会说：这年头，搞好人脉就行，哪里需要什么实力啊？

他们的逻辑存在一个很严重的问题：虽然人脉很重要，但精力若只放在巴结权贵上，你所苦心经营的人脉，根本都只是泡沫。

为什么这么说呢？你想，人与人之间的相处，若是基于利益往来，那么，你不能给对方提供价值，你再怎么巴结比你强的人，他都会觉得与你交谈是浪费时间。

当你变得强大时，人脉会自动向你靠齐。

1

每个圈子里都有这样的人——

不停吹嘘自己认识这个大牛、认识那个女神，结果问到大牛和女神那边时，他们想了半天，然后问：啊……你是说那个总是发微信骚扰我问奇怪问题的人？

这种人脉，是无效的。

在看《Facebook 效应》时，扎克伯克提到了一个名词，叫“馈赠型经济”，他说：“你知道馈赠型经济吗？在一些不太发达的地区，相较于市场经济，这是种非常有趣的非主流经济形式，我拿出一些成果分享给大家，出于感激和表达慷慨之情，人们会回馈给我一些东西。整个文化就建立在这种彼此的馈赠框架下。”

Facebook 便是在馈赠框架下快速发展，成为世界顶级互联网公司的。

前段时间，我认识一个在北美创业的朋友 Z，初次和 Z 交谈时，我被他的情商所折服，当我从共同朋友口中得知他在美国读书时曾有自闭症时，我惊讶不已——

曾有社交恐惧症的人，如今竟成了做社交类产品的 CEO，太逆袭了吧？

Z 跟我说：“刚刚试图改变时，我在人多的地方讲话都会脸红，生怕自己被嘲笑，至于朋友聚会，根本没人愿意邀请我这个不会说话、衣品不好的家伙，说实话，那时候挺不自信的。”

“你是怎么克服的？”我问。

“过去三年里，我保持每天认识一个新朋友的习惯，交了四位数的朋友，强迫自己慢慢走出社交恐惧症。”

看着眼前的社交达人，我实在想象不到3年多前他会是自闭症患者。

2

在8年前，Z刚到美国，由于语言不通和文化障碍，Z慢慢变得“自卑、封闭”，一个朋友都没有，即使他成绩好，可他还是不开心。

到了高中，Z的人生轨迹发生了改变：他遇到了生命中的第一位贵人。

Z在高二时，自闭症刚刚痊愈，决心开始改变自己内向的性格，进入了学校一个俱乐部，第二年，他准备竞选主席，本是最没竞争力的他，抱着试试看的态度，请教了俱乐部指导老师。

老师给了Z建议，这条建议，让Z在竞选中出现失误还保持优势，最终让Z成为学校历史上第一任华人主席。

老师给Z的建议是：“所有人都讨厌只索取的人，你想让贵人帮你，你得先成为他们的贵人，给贵人提供价值。只有这样，他人才能记得你，才会在你困难时，及时给你提供帮助。”

与扎克伯格的“馈赠框架”不谋而合。

后来，Z会在每周俱乐部的例会前，赶去当地最好的烘焙店，买几盒美味的比萨，带给俱乐部成员，并且，在往后的半年里，Z不计较得失，给俱乐部每个成员提供帮助。

当其他竞选人还试图用漂亮空洞的演讲词煽动情绪前，Z便用实际行动证明了他能够带来的价值。

“提供价值，不求回报”，是 Z 始终坚信的成功真理。

看起来，好像只是几盒比萨收买了人心，但深思其背后原理，不难发现，这仅是价值提供的开端，越往后，信任 Z 的人便越多，他在俱乐部的实权慢慢变大，Z 能提供给他人的价值则更多，最终，量变引发质变。

3

Z 常说：“只要你愿意先给别人提供价值 ，别人就会在未来以你意想不到的形式回馈给你。”哪里来的那么多伯乐，伯乐也需要通过真诚和价值来筛选千里马。

别总想着索取，若想成功，先想想怎么提升自我价值，怎么给别人提供价值，不求回报才能获取最大的回报。

你不是用“拒绝”伪装自己，你只是太无能

收获是成人最看重的东西，无关情谊，只关乎利益。

曾以为，“拒绝”是必须要学会的事情，它代表着你掌控自己时间的决心，代表着不愿为无用社交付出太多成本的觉悟，后来，我发现，其实都不是。

真相是：总是在“拒绝”的人，往往不被重视。

1

我听过很多抱怨，例如朋友要求免费“做设计”“写文案”之类，不好意思要钱又不好意思免费，我曾也是这些抱怨者中的一员，恨不得把“我写字很贵”挂在脑门上，拒绝掉所有不怀好意想占便宜的人。

那时我得意扬扬：看，我学会了拒绝别人，所以我收获了更多个人时间。

写了很多年后，不会再有人找我“免费写个文案”了，更多是“我这有个合作，你看能不能写，价钱是这样的”……

区别是我懂得拒绝了，才让别人懂得尊重我的技能吗？

并不是。

多年前，我总是需要靠“拒绝”才能换取时间、换取尊重，其实，“拒绝”是伪前提，真前提是：那时大家都认为我能写，不认为我写得有价值，才会有所谓的“帮我写一个”呗。

多年后，我很少去拒绝别人了，不是因为不敢去拒绝，而是需要拒绝的时刻变少了，背后的意义是：我变得强大了些。

所以啊，问题和答案的关键不是“你善于拒绝而收获了什么”，也不是“你有没有去拒绝的底气和勇气”，而是“你何时可以不用拒绝”。

我给的结论，似乎和主流价值观有些违背了，众人仿佛已经接受了这样的定论：你只有敢迈出拒绝这一步，才能收获自己的时间。

不，真不是这样的。

2

一个人的价值，和他会不会拒绝无理要求没必然联系；当一个人真正有了价值，敢于向他提无理要求的人自然会变少。

比如说，你读书时，你敢向老师要求作业布置少点吗？敢要求他免费当你家教吗？

你不敢。

比如说，你工作时，你敢向老板要求薪资立刻涨三倍吗？敢要求他给你主管做吗？

你不敢。

为什么你不敢？是因为你知道你一定会被拒绝。

那些总是向你提“无理要求”的人，也许并不是他们太无理，而是因为你太无能，哪怕你用拒绝赶走了一批批人，还会有新的人向你提出无理要求，而你，还是要用“拒绝”换取“收获”。

这样的拒绝，没有价值。

诚然，合理拒绝无理要求是一定没错的。

所以，面对不喜欢的人或事时，忍耐为低级，拒绝为中级，化解才是最高境界。

善于拒绝的人，的确能收获很多，但不一定能收获人心。正如我最开始说的：收获是成人最看重的东西，无关情谊，只关乎利益。

我总想起有位算得上优秀的朋友，他常和我灌输“强大的人都懂得拒绝，因为他们根本不需要他人帮助”这类理念，他在生活和工作中无情拒绝了太多人，后来混得也不错。

谁料有一天，他被人在网络上诬陷抄袭，一时间传得风风雨雨，熟知他的人都知道他不可能抄袭，可就是没人愿意站出来替他说话。

他急了，找各位同行，都被“风口浪尖的我也不方便，你避避就好”为由而拒绝。

太过精于计较得失，你拒绝掉的也许不仅是无效社交，还有人情。

3

我们总是在讨论“如何拒绝”“拒绝可以收获什么”，却不冷静下来想想——

靠拒绝换取的收获，真的长久吗？

我曾因拒绝得到过什么，也因拒绝失去过很多，其中利弊，只能自己懂，无理的，自然要拒绝，无伤大雅的，帮一帮又何妨？

最后，我想说的是：收获，与拒绝仅有相对关系，而没有绝对关系。

成为职场精英，
你需要走对这几步

有天夜里，我准备睡觉前，收到微信里一条长长的私信：非常感谢你，让职场小白的我，在职场中有了质的改变。

他是我一名读者，在去年，找我付费一对一咨询，问了些职场相关问题。

我非常理解他的感受。

几年前，我也是个职场小白，拼了命努力、加班，可总是得不到重用，我始终认为付出必有回报，但是有时候也会不安——

我会不会永远只是个小职员？

1

刚毕业时，我写了几十页的职业规划，买了无数本专业书籍，哪怕是高烧也不忘记做读书笔记。

我始终没有料到，我这么努力，依然拿不到高绩效，得不到重用，甚至还会被质疑，后来，我才想明白：在职场中，一定要放弃无效努力。

我们常在职场中陷入“自嗨式进步”的坑，熬夜工作，周末加班，不放过任何一场培训，每次会议都记录得满满，有些职场新人甚至恨不得在公司睡。

问题来了，小白们只有在每次加班发朋友圈感慨时能有收获感，到每次述职报告时，才发现过去一个季度，什么也没做好。

我们拼了命努力，越努力越心虚，甚至发现努力会带来副作用。

努力，拼搏，在职场中的效果真的很小吗？

让我告诉你：效果很大，前提是你不能走错方向。

很多年前，对于应届毕业生来说，最好的工作莫过于考个公务员，是铁饭碗且有不少灰色收入。到了 2017 年，我们发现并不是这么一回事，无数年轻人纷纷选择逃离体制，来到如互联网行业等新兴行业大展身手，随着大环境的改变，显而易见的是：过去职场的那一套，已经不管用了。

掌握新的职场规则，是你快速成长的重要因素。

2

在过去，除了少数精英和关系户外，一个年轻人短短几年内级别快速上升是不可能的现象。

如今，两三年的时间，从职场小白蜕变为公司总监的人大有人在，甚至还有像李“叫兽”这样没怎么上过班最终成为百度副总裁的案例。

回顾这些火箭式飞跃的职场人案例，我们不难发现，他们本身都是出类拔萃的人，是极强的个体。

然而，除了超级个体外，我们也会发现一个有趣的现象——

为什么那些看起来资历普通的人，也能短短几年内成为公司核心？

他的确不差，可你跟他比起来，其实实力差不多，为什么最后你没有快速成长，还是个职场小白？

以前，我也为该问题所困扰，甚至走进了死胡同，在我遇到一些贵人后，我才恍然大悟：那些与我看起来差不多的人之所以升得那么快，是因为他们的软实力远远强于我。

硬技能缺失自然会让你职场必败，不过，硬技能所给你带来的挫败感会很明显，你也容易意识到，从而你能补缺补短，最终成长。而软技能的缺失，并不是你能直接意识到的，从而不断恶性循环。

那些快速在职场中成长的人，看起来只是开了幸运光环，但深究其实不难发现共同点——

他们都有职场上的贵人，告知他们的职场缺陷，而他们也在软技能这一块儿，付出不亚于硬技能的琢磨时间。

而你，便是缺了这个贵人。

3

我来分享一个案例，是我在上海一场活动上认识的朋友，一名职场精英——

初入职场时，他只是一个基层业务员，在公司规定业务员工必须工作满半年才能申请转岗的情况下，他工作不到两个月，便被破格调入公司总部，让他这个专业不对口的职场小白进入市场部。

深究原因，是因为他在多家媒体实习过，有过几篇较有影响力的稿件，恰巧那时，公司市场部的新媒体运营离职，公司缺人，而他的事例被总部人知道，更巧的是：当时他的业务上司肯夸赞他、推荐他，才有他的破格转岗。

涉及的职场软实力有：第一，如何让新上司知道你拥有专业技能？第二，如何搞好人际关系，旧上司赏识你并愿意助你一臂之力？

转岗后，他陷入了一段时间的瓶颈期，专业技能虽然在上升，但绩效评比时他排在末位。后来，他得到了开辟新部门的机会，在工作职责上，上升了一个层次，对接同事均为高一级的主管级别同事。

深究原因，是因为他一直养成做周报时积极与上司分享个人工作状态的习惯，成为部门里唯一一个坚持在周报里汇报状态的人，并且，也不断要求承担其他工作，最终赢来了机会。

涉及的职场软实力有：第一，如何在工作劣势情况下，获得

机会？第二，如何不拍上司马屁，不刻意套近乎，也能获取上司信任？

一年后，他选择跳槽，拿到双倍薪水入职，又过了一年，他选择辞职，手里有一份年薪高达 40 万的 offer，那时他仅仅毕业两年，而他选择了拒绝，决定自己创业，收益超过手头上的 offer。

涉及的职场软实力有：第一，怎样跳槽，可以拿到高薪？第二，又是怎样的职业规划，可以使得薪水不断上涨？

4

前面我提到的朋友，他之所以能在短短两年内在职场上获得蜕变，不得不承认，一路走来，他运气不错，总有贵人相助。

然而，他在职场中做重要决定的判断力，以及在职场中提高软实力的意识，才是关键点。

他是一个普通家境、普通本科学历的人，可以说步入职场时，起点很低，资历很平庸，可只用了两年时间，便拿到了曾不敢想的 offer，不得不说，除了感谢自己和贵人外，还要谢谢时代。

当然，时代赋予的红利，并不只有我和他能享有，你也是，你需要的，除了不断提升硬技能外，还要提升你的职场软实力。

当你离开10万元1平米的北京，你失去的何止100万

你穷极一生想追的梦，不该只是梦，它应该成为现实。

五道口、静安的房价，都超过了10万，“清华北大毕业都买不起房，还要买学区房干吗”的段子传遍了网络，你在喧嚣中难以沉静下来，心想：北京和上海，是不是我努力一辈子也留不下来？

别人都离开了，你走不走？身为异乡人，你还记得你最初来到北京和上海的理由吗？

刚离开北京没多久的朋友和我抱怨：我只是想跟别人讨论下杜蕾斯新出的文案有多厉害，她们为何全部想歪了？在北京、上海待久了的朋友，回家时都有一种无奈感：好像和旧友的思维方式完全不同了。

并不是所谓的优越感，只是思维方式转变了，回老家后找不到能说话的人，也是无奈。

你想清楚了吗？真的要离开你最初向往的地方？

1

前些日子，我正在武康路散步，Tina 打电话给我，耳机里传来电视机中李健唱的《异乡人》，我在听这首歌，倍感孤独，思念很多人，可偌大的城市，还是没人陪伴我这个异乡人。

我撑着伞，边听歌，边看大片大片的梧桐叶落在石板上，任由雨声、歌声、人声交织成回忆，让我想起我最初来到上海的模样。

人前坚强的 Tina，将我当作了为数不多的依靠，她以为她迷失在路上时，我会是她能抬眼看见的灯光。可惜，当我们不知不觉把他乡当作故乡时，命运对我们开了不大不小的玩笑，看似玩世不恭的她，最终也跟我说：我熬不过现实，我走了。

我还记得，她初来上海时，身穿正装急匆匆赶去办公室的模样，被上司骂得眼睛通红也不肯找人倾诉。两年过去了，她终于成长为独立优雅的女性，常在某家精致的小酒馆里，握住高脚杯，轻饮一口长岛冰茶，眼神疏离，甜蜜又危险。

上海是最能将人同化的城市，我们被它包容，也被它吞噬，最后，我们学会优雅生活，忘却乡音，在巨大的城市中不断找自己，又弄丢自己。

我们都是异乡人，那么渴望被认同，又那么害怕被疏远。

Tina 很会藏心事，将满腹辛酸苦辣藏于姣好面容后，直到离开时，她才轻轻抱下我，还是笑，说：我累了，虽然你们都说我像上海姑娘，但我不是啊，我留不下来了。

哪来的现实，都是微醺或烂醉时的梦呓。

异地他乡，独自闯荡，在孤独中想要找到存在感的人太多，时光迁移了太多人的初心，后来，有些人依旧孤独，却还是没找到存在感。

所有离乡背井的人，都期望能获取安身立命的安慰。

2

生活之所以艰难，并不是在相处中总要看他人眼色行事而困惑，而是，独处时无法正视自身，无数个声音在内心咆哮，你听不清，哪句话才是你自己想要说的。

从去年年末到现在，我许多朋友离开了北京和上海，我都有试图劝说过：留下吧。

想离开的人，怎么劝，都留不下。往后的日子里，留在这两座城市的朋友，却是更加意志坚定，他们铁了心，想要在喜欢的城市永远留下去。

偶尔翻翻朋友圈，我又看见谁出了新书，谁卖了电影版权，谁的课程销量惊人，谁组建了工作室，谁公司开到了C轮，想一想，还有那么多人在这里追梦呢，我怎么舍得离开。

我清楚：离开了拥有最多资源的北京和上海，你失去了房价的压力，更失去了很多你看不见的可能性。至少，能这么有包容性，能这么给年轻人机会的城市，只有那么几座。

现实与梦想的拉扯，让你疲惫不堪，欲望和本真的斗争，令你辗转反侧，你看着物欲横流的社会与浮躁狂乱的人群，早已忐忑不安，每日都身心俱疲，躺在床上，早就忘了你最初出发的原因。

当我们只顾着为生存不断奔波劳碌时，日复一日，年复一年，发生了很多故事，能记住的寥寥无几，最后，期待都落了空，朋友都失了联，梦想都成碎片，未来依旧迷惘。

我们还能有多少年去挥霍，如果再不去聆听内心的声音，你还可以失去多少？

你不必在意打湿枕头的泪水，谁都有夜不能寐的时候，你不必担忧谎言漫天的世界，总会有对你打开心扉的人。

外界，始终只会是外界，你终归要问自己，反复问自己，那个声音，那份期盼，那句答案，究竟是什么。

3

我渐渐明白，哪怕再落寞再忙碌，都要不忘初心，这才是我们在异乡打拼的初衷。

我依旧忙碌，没空联系老朋友，只是当我偶尔难过时，我站在落地窗旁，不经意眺望远方，想要看见我们最初出发的理由，却只看见了夜空里的高楼大厦。

它们在霓虹灯下如此璀璨夺目，玻璃幕墙折射出千千万万异乡人的梦想、欲望和野心，也映照出他们的忧愁、寂寞和失落。

没有很多钱，
就不可以有快乐的人生吗?

总有妖民爱说：钱不是万能的，但没有钱是万万不能的。

话虽没错，但所有人都知道这理儿，不必拿它作为“拜金主义”的借口，更不要因此把“有钱”等同于“快乐”，快乐从来不取决于是否有钱，取决于你选择怎样的生活方式。

一周前，Jenny和我说：“好绝望啊，感觉在上海活不下去了。”虽说她比谁都会说勉励人的话，但现实摆在面前时，的确会让人有些无力，好像薪水上涨的速度，永远赶不上房价上升的趋势。

我问她：你离开了，你就会快乐了吗?

她沉默了好一会儿，抬起头，露出她标志性的灿烂笑容，说：累死也要留下来，千金难买姐开心!

你要学会赚钱，这会让你的生活更有品质。我不是鼓励你去过一贫如洗的日子，我希望你问自己一个问题：什么才是你想要的快乐?

没有很多钱，你也会有你的快乐。

1

欲望是无止境的，你永远无法真正定义有多少钱才算你要的快乐。

在刚毕业时，很多应届毕业生把“月入过万”当作一个很重要的指标，认为那样就可以过得很舒适了，工作一年后，大家才发现：月入过万是件很普通的事，在一线城市只能勉强维持正常生活，想要的依旧是买不起。

越往后，赚到的钱越多，以大多数人的资质，在北上广努力两三年，年薪二三十万不是太难的事情，可是有了这份比刚毕业时多了四五倍的收入后，才发现有了更多苦恼。

是钱不够多吗？不是。

我在上份工作时，采访了几十名年薪50万以上的人，他们的共同优点是非常清楚自己要什么，目标性、执行力强，但很多有车有房的人，依旧感到焦虑——

有人在大公司待太久，依旧没办法升职到他想要的职位，他挣扎是不是要去初创企业，尝试更多元化或者带团队的工作职责，体验扁平化管理的氛围，可是跳槽时，却发现大厂光环好像也不是很明显。

有些人在明星初创企业风生水起，却始终期待超级企业的完善管理，想要进一步进阶，但是大厂给他开出的薪水没那么高，望着猎头挖他时的小公司高薪 offer，对比渴望的大厂环境，他更是痛苦挣扎。

还有很多例子，钱永远解决不了真正的痛苦、真正的烦恼。什么“没有钱的爱情，吹吹风就散了”，什么“宁愿坐在宝马里哭，也不要坐公交笑”这种话听听就罢了，不要当真，有这类想法的人，大多数爱情不用风吹就会散，坐上公交也是哭。

2

我的富二代朋友，和我说：当你触及真正的权力时，你会幻想和他们一样能改变世界，当你接触到真正的优雅后，你不会再愿意回到劳苦的平庸生活。

他还说：可是，有再多钱，也无法真正触及，即使与那些活在云端的人握过手、合过影，你也知道，和他们的距离绝不是只有一张照片、一个联系方式那么近，依旧遥远。

想一想，真的要痛哭流涕。

他想要的，是超出于财富的权力，是超出于金钱的精神，无论有多少钱，他无法达到，就不会快乐。

所以，快乐源于自己最想要的东西、最想做的事情。

包括我自己，也是如此，从去年末开始，我一直处于某种焦虑状态。有个老同学问我：你分明比大多数以前的同学要赚得太多，为何有如此大的压力？

没错，当你触及新的可能性后，你不会再满足于曾经的幻想，因为太容易实现。钱，永远是赚不够的，年龄越大，我越清楚：挣钱很重要，钱也能推进你梦想，买到一部分快乐，但是，金钱不可能买到全部。

如果在实现真正的梦想和有很多金钱中选择，我依旧会选择前者。

3

没有很多钱，会快乐吗?

会的，我在之前很多篇文章里提到过我喜欢的一个画家，他农村出身，普通学历，最终选择了回到乡下，专心绘画，靠自己种田维持日常生计。他会隔很多天，在微博晒出新画，每一幅画，都让人惊艳。

他选择了一条几乎没人选的路，从他不多的随笔微博里能看出，精神世界让他非常快乐。

如果，赚到很多钱会让你觉得非常快乐，那么，你就去赚很多钱，实现内心最想要的，你会幸福的。

你无须将无欲无求当作最高境界，其实，欲望是这样一种东西，你被它掌控，则会堕落，你将它掌控，则会成功。

人每种行为都可以归结为欲望的，行善是欲望，作恶是欲望，读书是求知欲，拥吻是本性欲，累了就要睡，饿了就得吃，所以欲望不是坏事，把善的欲望节制执行，便是我想倡导的生活方式。

当然，我希望你我都会是……

有很多钱，也很快乐。

太多人不知道自己喜欢什么，你要找到你真正的爱好

当你连自己喜欢什么都不清楚时，你就从认真对待身边的事情开始。

曾有名读者找我一对一付费咨询，她是名老师，她有两个苦恼。

第一个苦恼是：她为了生计开设补习班，初衷是想帮助孩子们，可看到很多孩子并不喜欢补习，认为自己剥夺了他们快乐的权力，不能让他们学自己喜欢的东西。

第二个苦恼是：随着工作日渐忙碌，她渐渐不再去坚持自己的爱好，可内心深处还是不甘心，希望继续做，只是不知道有没有意义。

她问我该怎么办。

你学过不喜欢的东西吗？你还记得你尘封已久的爱好是什么

吗？你究竟知不知道自己喜欢什么？

1

我很欣赏这名教师，她有着善良的意识。

很多教师，在教学时间长了后，都忘记了“教师的真正义务”是什么。教师除了教导知识，还需要培养孩子正确的三观意识，而不是靠“教师身份”进行剥削，更不该将个人狭隘的观念传播给下一代。

她是很有人文情怀的教师，很值得赞赏。

“不抹杀孩子的天性”，是非常优秀的教育意识。我告诉她：你开补习班，没有错，人总要生活，如果在养活养好自己的前提下，能用自己的工作帮助到人，是非常有意义的一件事。

我让她不必太担忧，因为很多孩子并未意识到他们究竟喜欢什么，只是本能反感“补习”这回事，而不是反感一门技能的学习，他们甚至没意识到，技能和爱好是不冲突的。

我在小时候，特别反感英语，非常喜欢音乐，家里人不会支持我学音乐，逼我去学英语，我自然很抵触。直到很多年以后，我才发现：我特别喜欢英语。再回过头想，我并不是反感英语，只是反感父母的教育方式罢了。

如今，我依旧在学英语，也依旧在学音乐。

教师要做的，是抵消孩子们的“抵触感”，不一定让他们非要喜欢上这门课，让他们喜欢上和教师相处的感觉。很多孩子，去学一件事情的动机很简单，“这个老师真好，我不能让她失望”，于是开始学习了。

我在初中时，很讨厌一个老师，潜意识排斥他所教的课程，分数也不高，到了高中后，新老师很棒，我才发现我很喜欢这门课。

所以，一门补习课学到的知识，真没那么重要，十几年后，不从事这件事，都会忘记，人一生学习的大多数知识，以后都用不上。

但是，重要的是过程，你要知道，什么是该去重视的，你要清楚，培养自己的爱好，需要有正确的思维进行指导。

再回过头来，看成年后的你，也是如此，如果你现在不清楚你自己喜欢什么，没关系，你先去找一个快乐、积极、三观正确的氛围吧！

2

如果你发现了你喜欢的东西，请不要放弃，无论是什么爱好，必须坚持它。人生大部分时间都很枯燥，让自己快乐的方式之一，便是爱好。

它会给你带来很大的惊喜。

我从小到大，最大的两个爱好：音乐和写作。绝大多数人知道我，都是因为我出的书、开的写作课程以及我在知乎、微博、公众号写的文章，可事实上，我高中是理科生，大学读的是城市规划，是工科生。

我一路走来，所学课程都与文字无关。

可我喜欢它，直到大三才写了点东西被人看到，直到大四才正式发表第一篇作品，到现在，正式写作也不到两年，发展却格外迅速。

我不是要你和我一样，要把爱好做出成绩，即使我的爱好丝毫没有成绩，我也会做下去，那是我快乐的源泉。

再说我另一个爱好——音乐。

我高中时天天弹吉他，写了七十多首歌，以为自己以后一定是个超级厉害的音乐人。实际上，到现在，我也没能成为音乐人，也没有像样的音乐作品发表。

如今，我还是会每天弹吉他，我也认识了一大帮真正的音乐人，但我依旧不是音乐人，我还是喜欢，哪怕这辈子都不会成为音乐人，我也会不停地学乐器，听好多歌，爱好是人生中极少数讨好自己的事情了，怎么能放弃呢？

3

不要苦恼你现在做的事会不会磨灭你的激情和天分，你只要牢记：未来有很多可能性，你不一定那么早就能遇见能让你倾心的爱好。

人生那么漫长，展望时会显得枯燥无味，若想点缀色彩，那便是你的爱好，别让它变得复杂，它会是快乐的源泉。

你努力到最后，还是很平庸，怎么办?

若将“人生最悲哀的事情”做个排行，“努力后却依旧失败”大概会排在前列。

这个时代，稍微有些进取心的人都有危机感，望着满屏幕的成功人士案例，心神不宁，生怕自己落后，成为自己年少时最讨厌的那类人。

更痛苦在于，你根本找不到任何人能给你解答，关于“一直努力的你，会不会最终还是很平庸？”，哪怕是这颗星球最成功的那些人，都没有办法拍着胸脯给你打包票说：年轻人，手握宝剑前行吧，你一定会成功的！

危机感最严重时，莫过于找不到答案。

1

两年前，我参加了几个知识类活动，认识了一些朋友，其中，

Allen 和阿宁，成为我后来的死党，两年过去，他们走上了截然不同的人生道路，一对比，天壤之别。

要知道，他们曾经明明站在相同的起跑线前，拥有相近的资源、实力和资历，静下心来想想，让人唏嘘不已。

哥们儿 Allen 目前开设了个人工作室，甚至准备创业，据说下个月，便能拿到 A 轮融资，用他的话来说，便是："我早已经实现财务自由了，现在啊，我只想着做点喜欢的事情。"

另一个哥们儿阿宁不能说混得不好，他如今工资加外快，月收入一万五，在上海算得上不错，称他为职场精英不过分，只是和 Allen 比起来，实在是差得太远。

谁知道这两年到底发生了什么，居然让他们有如此大的悬殊。

想起刚认识时，我们三个一块儿吃路边摊的光景，再看看 Allen 现在，买了新车，交了首付，明年结婚，说不好奇和羡慕，肯定是假的。

阿宁是个好命的人，他追求随遇而安的生活，当我将"你努力到最后，还是很平庸，怎么办"这个问题抛给他时，他摆摆手，笑道："平庸就平庸吧，没什么的，我是个没多大志向的人，如今的生活平静美满，我很知足了。"

Allen 不会这么想，他始终活在危机感中。

2

有天晚上，Allen 有空，我约了他喝酒。

几杯酒下肚后，他苦笑，说："简浅，我曾经看过你一篇文章，说有个 loser，毕业六年了，最骄傲的事情居然还是大学时拿了四年奖学金，把女友离开他的原因归结于他没钱。看那篇文章时，我就想啊，两年前刚认识你时，我也是那么 low 的人。”

Allen 早些年也是个愤青，总瞧不起在社会上混得风生水起的老同学们， Allen 总念叨大学时，那些老同学明明是学渣啊，凭什么现在个个都比他强?

Allen 很慌张，问自己：是不是我不够努力?

答案是：很努力。

Allen 又问了自己第二个问题：会不会一辈子就这样，怎么努力都是个 loser？

第二个问题始终在他脑海中不断盘旋，他做不到像阿宁那样，接受自己是个平庸的人。

酒快喝完时，Allen 红着眼，说：“直到现在，我也不能给你这个问题的准确答案，但是啊，我知道，也许人在努力后还会过得平庸，可有句烂俗的话也说得对啊：人不努力，肯定一辈子平庸！”

说实话，Allen 是非常努力的人，他复读两次才考上大学，不是前两次没考上本科，而是他一定要读上 985，进入大学后，他知道一切来之不易，4 年时间都在拼命学习，拿了 4 年奖学金。

记得刚认识时，他还自嘲道：我曾以为我读了这么多年书，一定是个大牛，没想到到头来，我还只是个 loser！

酒喝完了，他带着几分醉意，说：“人一定要努力的，但还有一点很关键，选对方向。”

我心里咯噔一声，这句话说中我心坎了。

最近几年来的生活，让我慢慢变得和以前不一样，我的努力程度只能说是正常，算得上竭尽全力，却也没有到背水一战的地步，之所以如今还算过得不错，说到底，还是我选对了方向。

3

我的个人经历在以前的文章写过不少次了，总结一下便是：毕业后，本科就读城市规划的我选择了跨行，来到了互联网行业，从事新媒体以及内容运营，两年间，靠着不断输入和输出，出了书，开了课，收获了一点点关注，如今辞职，开始全职写作，也准备创业。

每当回想我这两年的经历时，我都感叹：期间的几次重要决定，都冒着极大风险，很幸运，虽走了些弯路，但还是走向了正确的道路，若稍有差池，并不是依靠我努力，便能让我过上我喜欢的生活的。

一着不慎，满盘皆输，说的便是这个道理。

回想 Allen 和我的经历，我想问题有了个开放式答案：

没有人会告诉你努力到底能不能让你不平庸，而是你没有别的选择，你只能用努力，让自己平庸的可能性降低，而这期间，还少不了你正确的选择。

即使，真的成为平庸的人，你也至少不会后悔，起码，你能像阿宁一样，做一个知足常乐的人，有时候，幸福或许比不平凡，来得更重要呢？

你的未来正被拖延症一步步毁掉

当机会来临时，当计划制定后，让它们最终破灭的，不是别人，是你自己。

别总是抱怨错过，若你总是拖延，你幻想的未来，终归只会是幻想，最终被你自己摧毁。

1

当查看工作进度时，你便会松懈下来，不断自我安慰：没关系，还有七天才到截止时间，我过两天再做也没关系。

往往，拖到最后一天，才通宵赶进度，顶着一双熊猫眼，还以为自己有多努力。

我们的生活正一步步被拖延症所侵蚀，我们能触及的每一件事情，工作、学习、约会、健身、计划，都会不断被推后，虽说最终都能完成，还有人会扬扬自得自己的“应急能力”，但不能否定，大部分时间，都被自己所浪费。

甚至在计划截止时间前，也会想着再拖一会儿，现在状态不佳、心情不好、肚子饿、想睡觉，等到症状消除，完成计划才更有效率，于是，玩手机、刷微博、聊微信、打游戏、看网页，时间一分一秒流逝，你也越来越焦躁，可进度仍停留在那儿，毫无推进。

即使你知道越拖越不安，但你就是控制不住拖延。

你有没有意识到，你的机会，正被拖延一点点破坏，你的未来，正被拖延一步步摧毁。

2

拖延，害的不仅是你自己，还在严重破坏他人的进度，这是非常不道德的行为。

当团队其他成员都将各自任务完成，只差你的部分就能推进工作进入下一阶段时，你却用不回微信、不接电话的方式玩失踪，等到你出现时，大家都已经焦头烂额等了你许久，你气喘吁吁，表示自己为了进度一直在拼命，可所有人都知道，前几天你始终很悠闲。

当工作需要交接时，你若遇到一个始终口头答应很漂亮但毫无实际行动的人，你也会很头疼，你的时间就这样被对方浪费，而你无法改变现状。

拖延，毫无疑问，是害人害己的行为。

当代社会，只有合作才能获得更大效应，如果有一方拖延，合作的效率性、效益性、愉悦性都会大幅度降低，如果整个团队的人都爱拖延，并用拖延在推卸责任，这项合作、这个团队，注定走不了，将分崩离析。

不拖延，不仅是对自己的计划与未来负责，也是维护个人信誉：爱拖延的人，会给别人留下品行差、不靠谱的印象。

拖延，拖延，拖，拖，拖。你究竟在拖什么呢？

3

戒掉拖延需要从两个方面着手：计划性和执行力。

很多爱拖延的人，没有合理制订计划的能力，他们会有一个目标，可是该如何拆解目标却不懂。拖延症患者更是缺乏执行力，即使是他人制定的计划，他们也会无视进度表，自己玩自己的。

若想戒掉拖延，第一步，制订一个合理的计划。

当你有了目标后，预估它的总时长，再一步步拆解，前期先精确到周，每周日再为下一周精确到日，每晚上为第二天再进一步精确。

我不建议精确到每小时，大多数人的意志力不足以支撑这么精细的安排，我建议每天列出任务清单，按紧急度和重要度列好排序，用整块时间完成排在最前面的任务。

第二步，执行。

缺乏执行力的计划，都是张废纸。

执行时，有个3秒原则，是对抗拖延的好办法。很多人，想到某件事情，都会觉得过一会儿再做没关系，往往一拖，就不知拖到什么时候了。3 秒原则是：想到时，3 秒内立刻去做，不给自己考虑的时间。

在长时间作业时，很多人的意志力被大量消耗，难以坚持，这时候，使用番茄时间管理法是不错的选择，每工作 25 分钟，休息 5 分钟，为一个番茄，连续 6 至 8 个番茄后，休息半小时到一小时，再进行下一轮番茄。

不要让拖延症毁掉你的人生，你要用合理的计划和强大的执行力戒掉拖延症。

毕竟，人生如此短暂，再拖下去，你会错过太多。

你不拼命努力，未来一定会一贫如洗

你的生命中，有什么是你梦寐以求的？

无论你梦想是什么，你肯定都不愿意过上穷困潦倒的生活，物质上的贫困大抵上能摧毁绝大多数人的精神。

我从不鼓吹金钱万能论，也不会怂恿你去做一个拜金主义者，我只想告诉你：太早放弃努力的人，无论是物质还是精神，都会在多年后变得空荡荡。

一贫如洗不可怕，可怕的是，会一辈子这样子下去。

一辈子都是精神上被人唾弃、物质上被人嘲讽的生活，想想都毛骨悚然。

你甘心吗？

1

前段时间，我去 HR 朋友的所在公司咨询一件事，恰巧一名

35 岁左右的人被辞退了，他来闹事，最终被轰了出去。

我隐约能听见那位大叔的骂声，大致是：“你们这群小年轻！我工作时你们还在花爸妈的钱呢！你们就是太年轻了！”

真悲哀。

倚老卖老的人，总去苛刻要求年轻人，当年轻人将他们淘汰时，又摆出“长者姿态”和“弱者姿态”，将道德绑架和双重标准玩到极致。

朋友告诉我，这人是个职场老混子，每天在公司里游手好闲，还以所谓的“工作经验多”，来拒绝同事的合作要求，以及干扰别人的工作进度。

这类人最瞧不上年轻人了，挂在嘴边的是：“一个个小年轻，还是嫩了，根本不知道社会险恶，等你 30 岁了，你就不会这么想了。”

如果年轻人都和这类大龄 loser 一样，社会才会真的可悲。翻了翻这位大叔的简历，又听 HR 说起他的“光辉历史”，得知这位大叔，从年轻起就无所事事，才会有现在的境遇。

千万，不要在年轻时，就让自己的思维老了 10 岁。

因为，时代总是在变的。

很多年前，无数应届毕业生拼了命都要成为公务员，拿一个“铁饭碗”，享受稳定，并且可以获取“灰色收入”。如今，绝大多数毕业生都会仰着脑袋，说“远离体制”，认为“公务员的生活是一辈子看不到头的”。

其实，每个具备一定门槛的岗位，都是有含金量、有未来可能性的，如今并不是公务员这个岗位不好，而是太多人会在大环境下，放弃持续努力，放弃不断精进，最终失去了危机感，也失去了更多可能性。

哪来的险中求稳？只有稳中求险，才能适应瞬息万变的世界。

2

为什么说不努力的人，最终无论物质还是精神都会是贫困的呢？

首先，物质的拥有，能很快体现出一个人是否在付出。

例如，同样一家公司的两名员工，拥有同等的学历和出身，一个在工作 8 小时内高效完成任务，并给出更优方案，及时跟进、汇报进度，8 小时外不断充实自己，学习新技能，另一个在工作 8 小时内拖拖沓沓，完成质量低，不到上司、同事催完全不汇报进度。

排除掉负能量极重的人爱说的“关系论”，依照职场大数据，首先升职的一定是前者，即使是跳槽，也会是前者更容易在几年后拿到更优质的 offer。

后者会浪费掉他的一切资源，最终无法获得物质上的回报。

其次，精神富足的人，一定不会是游手好闲的人。

金钱是买不到所有快乐的，物质也不能满足人的全部需求。精神富足的人，对待物质的最高要求也仅是舒适，能满足他们需求的，一定是最爱的某件事物。

一个不肯为物质努力的人，根本不可能去为精神世界而努力。

不少口口声声喊着“我不是不努力，我只是没能做我喜欢的事”

的人，都只是叶公好龙罢了，若你真有喜欢的事，是会无论发生什么都会努力去做的，因为做喜欢的事，永远都是在享受。

不肯努力的人，大多数都会空虚度日，一个人若总沉浸在空虚世界里，哪里会精神富足呢？

你若早早放弃了努力，将既无法满足物质欲，也无法赢得精神上的宽慰。

3

人生有无数种可能性，你真的要就此放弃吗？

世界上有看不完的美好风景，你确定要做死守井底的青蛙吗？

未来有太多太多必须要靠努力才能发现的精彩，你难道不期待吗？

别总是喊着不甘心。

提前放弃攀岩的人，看不见万山皆在脚下的壮阔风景，是体会不到云雾在腰间环绕的独特感受。

别做那个在山底抬头仰望山顶上的人，你落下的泪都没人看得见。

Chapter 4

大多数怀才不遇，多半是无才不遇

比同龄人更成熟更优秀的人，都有这 4 个好习惯

我不希望你的人生将碌碌无为，更不愿你只能仰慕或嫉妒他人的成就。你不一定要拿自己和别人比较，可总有太多人会将你推到比较的台面上，我想你也不想输得太难看。

人生是种很奇妙的东西，你无法选择你的出身，你却能决定你的未来。

的确，从大数据来说，富裕家庭出身的孩子更容易成功，有更多资源让他变得更优秀，不过，成熟优秀的人，无论是家境富裕还是贫穷，他们都有着相似的优点。

例如：自律、理性、毅力强、爱学习……

趁你还年轻，戒除掉不好的习惯，别到年老时才后悔年轻时没有养成好的习惯，没有去努力奋斗，如果你想成为比同龄人更

成熟更优秀的人，你一定要付出更多，当然，还要掌握 4 个好习惯。

未来的人生，你不仅要照顾好自己，成熟优秀的人，会照顾更多人。

1. 懂得时间管理

你有多少梦想败在了拖延症上？你有多少雄心壮志输在了执行力差上？学会时间管理，对你的人生至关重要。

扎克伯格从 8 年前起，每年都会设立一个目标，例如 2010 年是学中文，2015 年是每周阅读一本书，他全部做到了。如何做到的？自然是精细的时间分配。

学会列好月计划、周计划、日计划，每天入睡前，列好第二天的待办清单，根据重要程度、紧急程度分好执行顺序，并合理分配每件事情的计划完成时间，然后，去执行。

每天也要看自己的执行情况，根据实际情况做出调整，不要太高估自己的效率，有时候，你真的没办法一天完成那么多事情，要正视自己。

最后，你要懂得规划自己的人生。

无论是你职场道路的发展，还是你个人追求的发展，都需要一个 10 年、5 年的基本规划，之后要精细到年、季、月、周、日，这是一件极其需要毅力的事情，而且毅力也只是最重要的事情之一。

你还需要更专业的训练、更大量的阅读、更健康的身体、更清晰的逻辑以及更苛刻的自我要求，更要正确的方向。

2. 每天阅读写作

每周阅读一本书，每天写作 1000 字，坚持一年，你的人生会有很大的不同。

我刚刚设立了2017年的读书计划，和扎克伯格的2015年目标一样，一周读一本书，并且每本书我都会做出系统的读书笔记。

不要相信“读书无用论”，宣传这种理论的人，请你看一看大多数都是什么人，你会很明显发现：这个时代，读书多的人向来更具权势。更别说什么“高学历的人只能给没文化的打工”，请你百度搜一搜中国100强企业的CEO，绝大多数都是顶尖学府出身的。

如果你非要拿马云做例子，我也只能告诉你：马云的学历在他那个时代，属于很高的水准了。并且，马云读过的书，懂得的知识，比你想象的要多。

请坚持阅读，阅读是获取知识最快的方式，当然你要懂得吸收，懂得思考，懂得实践，而将阅读得来的知识真正融入你脑中的最好方式便是输出。

把读书时的感受写下来，写作是训练一个人逻辑的绝佳方式。写作可以实现的，不仅仅是文学理想，写作能呈现你可以想象到的一切，任何一门知识的传递，都离不开文字记录，写作是最好的容器。

做一个爱阅读的人，做一个坚持写作的人，你会收获很多。

3. 保持运动，饮食健康

唯有自律的人才能获取真正的自由，唯有健康的人才能看见最后的胜利。

很多人往往无法长期坚持，并不是因为意志力不够强，而是因为身体亮起了红灯。保持运动，作息规律，饮食健康，是让你变得优秀的基础，大多数不运动、作息紊乱、饮食不健康不规律的人，都是心智不成熟的人。

很多成功人士，之所以有着健康的生活方式，保证运动健身，注重养生，并不是他们是健身爱好者或者营养学家，是因为他们足够理性，太清楚自己要什么，他们清楚：只有强壮健康的身体，才能保证大脑的高效率运转。

绝大多数人，都并不拥有高质量的 8 小时工作时间，很多人虽然每天都加班，但真正有效工作时间仅仅只有三四个小时，甚至更少。如果保证健康的身体，运转清晰的头脑，执行合理的计划，8 小时的高质量工作，足以让你成为“二八原则”中的那 20%。

好好对待自己的身体，好好对待自己的胃，你该成熟了，别再任性摧残自己的健康。

4. 定期总结，反思自己

当你跑得太累时，我建议你停下来，回顾你曾跑过的路。

回顾你跑得最快的那段时日，找出你为什么可以跑那么快的原因，然后坚持。回顾你跑错路的缘由，记住那个岔口，下一次，千万别再错了。

记住那些泥泞的路，记住曾经绊倒你的石头，回想你为什么要跑下去的原因，牢记你想跑到的终点是什么。

定期总结，反思自己，是非常有效的一套工具。我建议你，每个季度结束时，为自己做一次季度总结，回顾过去 3 个月做的每件事情，总结完成的和未完成的目标，找出可重复执行的成功方式，也找出让你陷入僵局的决定。

总结和反思，真是上天赐给我们的好礼物，利用好它，为下个季度的计划做好准备，接着，再一次，总结与反思，你会成为更好的人。

想要成为比同龄人更成熟更优秀的人？没有捷径可走，从来都不轻松，你需要的是强大的意志力、果断的执行力和逆天的自控力。

你唯有坚持，才能如愿以偿。

包括我告诉你的这四个习惯，你知道它很容易，执行且坚持它却很难，愿你成为你所想成为的人。

如果你觉得累了，回过头看看你曾流下的泪与汗，你不可以让它们白流，要记住，越过险峰，也许你仍被困迷雾，穿越险流，也许你仍深陷泥潭，可你，终归要拨开迷雾，踏出泥潭，看璀璨星辰，听浩瀚海声。

情商高的人，
一定不会说的 10 句话

在繁杂世界中，我知道你和我一样，期待极简的生活方式，我相信你是向往温暖、善良、美好的人，希望你能将生活过成诗。

要求他人做到什么前，你先要成为更优秀的人。从最简单的做起吧，来看看，高情商的人，一定不会说的 10 句话。

1. 我不是早说过了吗？

高情商的人不会说出这类话。这类话的潜台词是：我不是早说过了吗？不听我的吃亏了吧？早听我的就没事了嘛。

爱说这类话的人往往眼高手低，爱事后诸葛亮。请牢记，任何事情，做永远比说来得可贵。

早说了，没有做，更显情商低，事情失败了，再来提，情商为负。

2. 我不喜欢你爱豆[①]。

友谊终止于你说我爱豆坏话。

低情商的人常常为了表现自己的优越感，贬低他人的偶像，来展示他所谓的深度。高情商的人，即使不喜欢对方的爱豆，也不会直接批评，会用巧妙的方式转移话题。

不抨击别人喜欢的东西，不是虚伪，是高情商，试问，如果你兴高采烈地和我推荐你最喜欢的名人、书籍、电影，我高冷回一句：真 low。你会怎么想?

3. 你这人怎么就开不起玩笑呢!

玩笑和攻击是两回事。

有些人，爱将攻击当作玩笑，体重较重的人不喜欢别人说他胖，身材不高的人不喜欢别人说他矮，每个人都有最反感他人提起的弱点，可有类低情商的人，偏偏爱抓住他人的痛处开恶俗的玩笑，完了还不忘来一句，“你怎么生气啊？这么小气！”

高情商的人往往会发现他人的优点，毕竟，美的人，更容易发现美。

4. 你懂什么啊？听我说!

低情商的人通常不自信，需要靠打击别人来获取可怜的自尊心，例如第二点我所说的骂别人的偶像。

---

① 爱豆：idol 的中文音译，偶像的意思。

他们爱逞口头上的快活，硬是要说服别人才开心，强行输出个人站不住脚的观念，别人不听从便是别人“不懂”。面对真正的高手，他们强词夺理，发现他人的一点失误，非要当面指出才能扬扬得意。

我见过一个高情商的作家，有个小孩在他面前卖弄，说错了好多基本理论，可她始终面带微笑没有当众揭穿。换作那个小孩，必定打断他人的话，发表自己的观点了。

5. 我这人就这脾气，你能拿我怎么样？

脾气差还摆出流氓姿态，说出低情商的话，真是无药可救。

低情商的人，往往是智商低、素养差。高情商的人，通常智商都不低，素养很好。

何谓情商？最通俗易懂的解释便是控制情绪的能力。高情商的人很会控制情绪，并注意他人的感受。

6. 我丑话说在前头啊，我这是为你好。

我写过一篇文章叫作《世界上最自私的话莫过于：我这是为你好》。

低情商的人常常错将自己视作拯救世界的超级英雄，或是无所不知的哲人，只要不如他愿的，他就会觉得不对，摆出“我这是为你好”的姿态，双重标准，偷换概念，把自私当作无私。

每个人都有他自己的决定，只要不违法不触犯道德底线，每种选择都值得尊重，很多丑话，还是放在心里吧，难听又无用。

7. ××、×××真讨厌，我跟你爆他们的料。

在他人背后说坏话，是情商低的直接表现，可以说，是道德败坏。

低情商的人，不仅当面说人坏话，还在背后说人坏话，这类人的口碑最后往往都很差，可他们还义愤填膺：我指出他人不好，你们还怪我。

我说过很多遍：高情商的人具有发现美的眼睛，他们会发自内心地去夸奖别人，严以律己，宽以待人，面对批评，有则改之，无则加勉。

低情商的人会将这类高情商表现称之为虚伪，可见情商之低。

8. 你不喝就是不给我面子!

往往爱说这类话的人，通常都没人给他面子。

我很讨厌中国所谓的酒文化，那些在酒桌上喝红了脸拍着桌子灌酒的人，格局很低，气质很差，素养很糟糕。爱说这类话的人，通常缺乏存在感，或者是想要刷存在感，专找好欺负的灌酒，让他把这句话对位高权重的人说，他会躲得远远的。

饮酒是件浪漫的事，和高情商的人对饮几杯是享受，被低情商的人灌酒是折磨。

9. 你要是这样想，我也没办法。

高情商的人会去理解他人怎么想，站在别人的角度想问题，哪怕不认同，也不会随便甩一句，“你要是这样想，我也没办法。”

这类话完美体现了什么叫“不负责任”，同样的话还有，“这事不归我管，你找我也没用，我也不想管。”

论天是怎么被聊死的，论人际是怎么变差的，说这句话就行了。

10. 如果我是 ×××，我肯定会……

问题在于：你不是 ×××，你的所作所为都毫无意义。

有类父母爱说：如果我是老师，我肯定把你作业打零分。可惜他们不是老师。有类人爱说：如果我是评委，我肯定把这些选手淘汰。可惜他们不是评委。有类写作爱好者爱说：如果我是作家，我肯定会写名著。可惜他们不是作家。

那句“如果”，便暴露了无能。

高情商的人，会用他的行动和成绩告诉众人：他是谁，他会什么，他在做什么。低情商的人永远在打嘴炮，永远在如果。

以上 10 句话，高情商的人都不会说。

低情商的人，会表现的行为远远不止以上 10 种，愿正在看这篇文章的你，能够戒掉这些话，做一个让人喜欢的人。

不要去传播负能量的东西，也不要戾气满满地发泄情绪，懂得克制、隐忍，善良、美好、纯真、坚持，它们永远是值得传承的品质。

希望你会是那个高情商的人，让我们热爱的世界变得更美好。

没人对你无止境地包容

有句老话挺对的：别人帮你是情分，不帮你是本分。

Lillian 又给我打来了电话，我在工作，自然没接，15 分钟后，我收到她一条长达几百字的微信，用词激烈，包含国骂、京骂以及 F 开头的“外国骂”，内容总结下来有两个事：一是她闺密拒绝给她帮忙，简直过分；二是我居然又不接她电话，简直无理。

在 Lillian 看来，别人对她好是理所当然，包容她的坏脾气是天经地义，如果没有顺着她的脾气，便是“过分”和“无理”。

1

我不是第一次看见 Lillian 发脾气了，用她闺密的话来说便是：朋友的忙当然要帮，可像 Lillian 这样跑去酒吧玩乐把正事抛给其他人帮忙，不帮就是不给面子，这种道理根本就是歪理啊！

大概在两个月后，Lillian 闺密就和 Lillian 绝交了，这是我认识 Lillian 三年来，她第十七个绝交的朋友。Lillian 朋友一直不多，交到的新朋友往往都会在几个月后无法容忍她的刁蛮任性，渐渐与她关系变得疏远。

我下班后，给她回了微信，说：我在上班，不能接电话。她阴阳怪气道：摆什么架子，上班接个电话怎么了！

我很无奈，将她设置为消息免打扰，眼不见心不烦，我估计这样下去，我要成为她第十八个绝交的朋友了。

当你无限制要求别人对你包容时，你会发现没有人愿意对你包容，就像 Lillian 一样，总是无法站在朋友立场考虑，只关心自己的喜怒哀乐，到最后，所有人都对她忍无可忍。

Lillian 这类要求他人无止境包容她的行为，说得好听点叫公主病，说得直接点便是：自私。

希望你能记住：没有人会无止境包容你，别将别人对你的好当作理所当然。

2

林苓是我身边最漂亮的女孩子之一，几乎没有女性朋友，由于她的美貌，她的男性好友一直源源不断，能容忍她超过一年以上的，别说男朋友，连男性朋友都寥寥无几，这年头，真的会因为外貌而一直迷恋一个女生的男人也不多。

有天晚上，林苓约我出来喝酒。我们刚刚坐稳，她点燃一支烟，开始发表个人演讲，接下来的两个半小时，她一直没停下，全程我只说了十句话，其中七句是“干杯”——

为了打断她的抱怨。

林苓是典型“作”的那类女生，她的前男友忍了四个月后，终于一怒之下提了分手，四个月内，她让她前男友四十六次凌晨3点来酒吧给她送玫瑰花，送完花要立刻回去，不能打扰她接着玩，她每隔3天无缘无故冲前男友发一次火，理由千奇百怪，例如没睡好、口红没擦对、上班迟到了等，发火时用词极度难听。

林苓对她朋友也好不到哪里去，就像今晚，如果我反对了她一句，她下一秒一定会将酒泼到我脸上。时间一长，她身边的朋友便越来越少。

像林苓的行为，除了会带来失去朋友的问题，还会对她的未来造成恶劣影响。

一个人在职场上，不顾同事的感受，去发泄个人情绪，甚至让工作无法推进，久而久之，在办公室中自然会被排挤，并且，上司也都不是傻子，谁做得好、谁做得差一目了然，上司不是你的父母，不可能包容你的坏情绪和低情商。

总想着让别人包容自己、一言不合就发火的人，破坏的不仅是他人的好心情，还破坏了自己的未来、健康甚至生命。

3

前几年，总传来高校生杀害室友的新闻，令人惊恐。

那些高智商、高学历的年轻人，居然会为生活中的琐事而痛下杀手，让很多人都无法理解。其实，从争吵升级到悲剧，都是源于他们无法接受对方不包容自己。

读大学时，我们都会遇上一些奇葩室友，例如当你熟睡时，他们还旁若无人开音响打电话，你让他们小声点时，他们还会怪你事多，例如总有一些人会把宿舍变成垃圾场，也从不打扫，建议他们改改时，他们会对你恶言相向。

他们会觉得：我在家就这样，凭什么不能放音乐，凭什么要听你的去打扫，你就不能包容下吗？

这类人，往往也是宿舍中被孤立的人。他们往往会变得孤僻，情绪波动大，认定都是别人的错，从而影响到自身的情绪、健康和学业，甚至性质恶劣到发生暴力事件。

世上大多数人都是以自我为中心的，随着我们受教育程度越高，便越会具备同理心，选择理解他人的行为。然而，理解都是有限度的，当任性超出人的忍耐度后，谁都会感到不耐烦。

没有人必须要无原则包容你的一切行为，包括你的恋人和父母。

并且，当没有人在容忍你的坏脾气时，你会陷入差情绪的恶性循环，脾气越差，朋友越少，情绪便越糟糕，最终让健康也变差。

生理健康和喜怒哀乐总是相互影响、相互作用的，当人始终处于愤怒、焦躁和忧虑的状态中时，会使体内激素分泌、肌肉紧张度剧烈变化，免疫系统无法最优化运转，带来的后果是：抵抗力下降，随之引发疾病。

所以，学会控制自己的情绪、反思自己的行为非常重要，不仅为了你的人际关系，也是为了你的身体。

当你发现所有人都离你而去时，你不该去憎恨这个世界，而应该认真想想自己哪儿做错了。试想，如果你遇见一个不断要求你容忍他的错误、坏脾气、歪三观，还要你无限制帮他忙、对他好的人时，你会做出怎样的反应?

当你懂得世界不是为你一个人而转时，当你愿意为他人着想时，你会慢慢发现，包容你的人，将越来越多。

高情商首要原则：在他人背后选择夸赞

我向来对一种人避而远之：图一时嘴快，刻薄语句如枪林弹雨直刺人心，非要在言语上占个上风，让别人唯恐避之不及才爽快，并在你面前不断说他人坏话，以表现出自己的卓越不凡。

这类人的典型隐藏特征是：自卑，情商低。

无论如何，在他人面前诋毁另外一个人都是极其恶劣的行为，哪怕你认为你的观点多么正确，你喷的那个人多么糟糕，都改变不了你这种行为的粗鄙。

我有个不再往来的校友，她始终没有太多朋友，原因还是归于她的负能量，她很能代表一类人。

某天，她约我出来，一坐下来，便阴沉着脸，我问她怎么了，她冷哼一声，翻了个白眼，将她的闺密和她的队友大骂一通。

她有个习惯，在骂完人之后，还要归纳总结一下，大致意思是：我骂她们是因为她们做的事不对，相较而言，我的做法比她们好太多了。

所谓的不对，只不过是别人没有顺着她的意思。在她的世界观里，顺着她的就是对的，不顺着她的就是错的，她的做法是圣旨，是法规，她是全世界最棒的姑娘。

我感觉很尴尬，数次想要转移话题，她却一次次强调“我是一个怎样怎样的人，所以她们怎么怎么错”。

她的口头禅是咪蒙的惊世骇俗之作：贱人，凭什么要帮你，low逼，你太玻璃心。

我们小时候的爱情观被“残酷青春”小说扭曲，长大后的为人处事原则被咪蒙歪曲，心中一声哀叹，我不知该如何叹息。

后来呢，我当然也有所耳闻，她在其他朋友面前如何说我的不是，她会在任何人面前说任何人的坏话。

终于，有天她踩着雷了，她给我最好的哥们儿发微信不断骂我，我哥们儿见她是个女生，没有当场发作，也没过多回复。

哥们儿把所有她骂我的话截图发给我，和我说：不得不说，她骂人技巧挺巧妙的，要不我们教她怎么做公众号吧，说不定她能超越咪蒙。

我哑然失笑。那个姑娘最后终于失去了所有朋友，还在微博发了句：所有人都那么恶毒，我什么也没有做错，为什么总是我受伤害？

姑娘……你这是要上天啊。

我哥们儿大概是我见过情商最高的人了，毫不夸张地说，男人认识他，想要跟他做兄弟，女人认识他，第一反应是问他有没有对象。

他很会说话，却不世故圆滑，真诚是所有人对他的统一评价；他爱开玩笑，又懂得分寸，不会说出让人难堪的笑话；他会照顾好与他相处的人的情绪，不会轻易评价他人的好坏，更知道如何安慰人，如何让聊天变得融洽。

我总看见一些戾气满满的人说：如果要让我虚伪去夸赞别人，我宁可做个心直口快的人，我才不要做那么假的人，我更喜欢真实的自己。

他们弄错了一件事：真诚赞美他人从来都不等同于虚伪和不真实。

他们更没想清楚一件事：他们自以为的心直口快，其实是素养极差、情商极低。

少在他人面前诋毁别人不会让你变得虚伪，发现他人身上的闪光点真诚给出赞美不会让你变得世故，这些并不冲突。

哥们儿每次和我聊起其他人时，总会发现别人的闪光点，言表之间流露出真诚的欣赏。我常听见别人和我提起，哥们儿在他们面前如何说我的好，细细听来，并不是奉承式的吹捧，他说的，都是一些难以发现的细节。

即使是前面提到的那个姑娘，哥们儿也没放弃她，始终开导她，成为她唯一的朋友。他从来没有当面反驳她，只是用他的行为告诉她，怎样才会成为让别人喜欢的人。

这一点，真让我服气。

世界很大，社会很浮躁，各式各样的人都有，我们在繁杂人间中精力有限，生活的忙碌已让我们疲惫不堪，再去面对那些负能量满满、情商几乎为负的戾气青年，实在会让人叫苦不迭，我们只能远离。

我期待的，是从简的、优雅的、轻松的人际关系，我想要的，是极简的、美好的、善良的生活方式。那些懂得赞美的人，让人与人之间的关系变得更为融洽，让生活变得更有趣味。

我有些厌倦与那些总爱诋毁他人的人相处，我也慢慢学会，如何发现他人的好，懂得真诚赞美。情商高或低，并不是一个人的唯一衡量标准，但成为更好的人，难道不是每个人该有的期望吗？

低情商首要表现：在他人面前不停抱怨

什么样的人会被讨厌?

无非是不断传播负能量、不停抱怨、浑身戾气的人。在他们眼中，社会是腐败的，努力是无用的，世界是黑暗的，自己是无辜的，总之，没什么是好的。

他们坐下来，会不停抱怨，从头到尾数落不停，非要将自身的坏情绪传染给别人。当别人远离他们时，他们还会很委屈：这世道怎么了！说点真话都没人愿意听。

低情商的首要表现，便是把自身的小小挫折无限放大，活像个祥林嫂不断倒苦水换取同情和安慰，并且从不听劝从不改变，下一次交谈，更加恶劣。

我曾经在动车上遇上一个愤世嫉俗的小青年。

他和他朋友坐在我对面，没过一会儿，小青年便开始了他惊世骇俗的个人演讲——

“我跟你说，现在的女孩子就是不能惯，一个个势利得要死！上个月我追园林二班的那个谁，她居然把我所有联系方式拉黑了！这年头，女人眼中只有钱，谁有钱就跟着谁跑！到时候被人骗了、被人甩了，再回过头找我，我还不稀罕呢！男人都是越老越值钱，以后好女人我随便找！”

我险些将手中的咖啡泼到他脸上。

我掏出电脑，戴上耳机，专心码字，不想理会这个负能量过重的小青年。他喋喋不休了两小时，我想和他同行的那哥们儿真是辛苦。

我们在生活中，总是会遇见这样的人，什么事情都能扯到自己身上，然后发表匪夷所思的奇葩观点，高高仰着头，张大了眼睛和鼻孔，表情浮夸，指点江山，看不见世间的美好风景，总抓着某些点不放，大放厥词。

有些情商低的人会很可爱，无非是他们将全部的精力放在了事业上，不懂人情世故。这类散布负能量、从不肯正视自身缺陷的人，证明了一句话——

一般智商低的人，情商更低。

更可怕的是，如今戾气满满似乎变成了“政治正确”。

热门微博评论区是重灾区，翻阅微博下面的愤青评论时，我总会想：把这些全部截图下来，去回答知乎那道“什么评论会让你觉得这也能喷”的题，恐怕会获得几千赞吧？

所谓的情商低，最直接表现便是说话难听，并将会说话的人称之为虚伪。

如果会说话是虚伪，戾气重是真实，我宁可和那些人口中的“虚伪者”来往。

想要提高生活质量，首先要做的，就是远离这些不停抱怨的人。

爱抱怨的人，不会换位思考，从不在意你的感受，图一时嘴快让你也心生戾气，他们习惯于靠贬低他人来提高自己，更不肯承认自己的缺点和无能，是“严以律人，宽以待己”的典范。

他们会被负面情绪牵着鼻子走，所作所为缺乏理性和逻辑，只顾着宣泄心中不满，情商低到不会察觉身边人很厌烦他的言辞，就好比主人想送客了说声“好晚了有点困”，你来了句“买杯咖啡啊，记得给我买一杯”。

爱抱怨的人还不接受批评，你一旦反对，他会把你列为攻击对象，非要在言语上胜过你，对你的生活妄加评论。

糟心的是，他们认定自己是对的，全世界只有他们是对的。

不擅长人际交往，不会说好听的话，都不算情商低，如果成天在各个场合散布负能量，带着浑身戾气与每个人交往，把抱怨当作聊天的起手式，毫无疑问是低情商的表现。

没人会喜欢爱抱怨的人。

生活已经如此忙碌，我们都早已疲惫不堪，有些不满非常正常，可为何不能选用更为积极的方式去改变？例如踢场球、听场音乐会。如果仍选择和人聊聊，请不要抱怨，更不要在背后攻击别人，去真诚与他人说出你的苦恼，用词委婉，才会获得他人的帮助。

世间嘈杂的声音太多，我期待极简的生活方式与生活态度，我更为相信：善良、温暖、真诚、美好才是人与人之间正确的交流模式。

如果你想被人喜欢，想做一个情商在线的人，请牢记，别做爱抱怨的那个人。

大多数穷困潦倒，都是咎由自取

年少时，我爱极了那一个个不跟商业献媚的艺术家，看着他们拍着桌子，眼睛血红地喊："老子就是穷死，也要坚持我的梦想，不跟你们同流合污。"

十几岁时，我觉得：他们酷毙了，我以后也要这么拽，什么拜金滚远点吧。

后来，长大了，我发现：那群所谓的艺术家，根本没什么才华，也没什么品位，成天脏兮兮的，十几天不洗头，抱着把破吉他，只会几个和弦，脑子想着约炮，口中唱着姑娘，写千篇一律的歌词和旋律，写一堆不入流的烂俗故事称之为文学。

他们哪里是不肯商业化，分明是一群没一技之长又赚不到钱的失败者，幻想自己是天才，总骂着脏话以为自己最牛，从没想过一事无成的自己最傻。

我们活在最好的年代里，真正有才华的人，也许不会大富大贵，但都过得安稳舒适，总有那些自称艺术家的人，毁了“艺术”这两个字。

在大学时期，我写过两本网络小说，从来不看网络小说的我，竟顺理成章签了约，那几个月，我疯狂地写，写得很烂，但也开心。

签约群里的“作家”们，个个语气像网络小说里的龙傲天，我偶尔去翻一下他们小说前的“感言”，大多数人都会说“我没什么钱，没什么好工作，读书时成绩就不好，写这本小说，无非是赚个零花钱，滋润下生活”。

我没有看不起网络小说的意思，网络小说的顶级作者们，都是以勤奋出了名，没什么好黑的，只是，我看着QQ群里这些和我同期签约的作者，心里只有一句话：我不要活成他们那样子。

多数网络作者，一个月写30万字，只能拿一两千元。他们写的东西，多传达“反智思想”，一个个崇尚“唯武至尊”，他们在群里说淫秽的话，开低级的玩笑，痛骂着有钱人和当官的，更要骂上几句传统的优秀作家“不说人话”。

后来，我不再写了，我已达成训练写作量的初衷。

几年后，我出了书，写一篇文章的稿费比他们写满一个月的钱还要多，传到群里，有人@我，我扫了眼几年没看过的群，他们在讨论我，用词低廉，我看着想笑：这么多年过去了，怎么这群人还一样愤青和幼稚？

我退群了。

我不爱起纷争，我只能选择远离我一定要远离的圈子。

很多初学写作不得志的人，爱大喊：老子不想遵循所谓的套路，只想写我想写的。

我不知道该怎么和他们解释：优秀的文本，根本不是套路。他们爱举出各种大师的名号来吓人，却不肯静下心来认真分析一下大师们的文本结构，拆分一下优秀作品的逻辑、架构和脉络。

哪来的套路？仅仅是议论文的结构，都可以拆出数十种来，基本功从来都不是套路，如果你那么看不起套路，请先掌握这些瞧不上的套路，再去创造新的类型。

随着年龄的增长，我越来越发现：更能推动社会发展的不是艺术，是科技和商业，而推动科学家和企业家的，是艺术。

艺术从来都不会被商业所侮辱，那些叫嚷着“都是套路”的人，大多数穷困潦倒，既没有艺术价值，更没有商业价值。

最有艺术价值的作品，往往更有商业价值，不信，你瞧，市场上卖得最贵的艺术品，依旧是顶尖大师们创造的。

有句电影台词说得很好：一个没有工作、一事无成的二十几岁的年轻人，多半会把自己想象成一个作家。

听爵士的瞧不起听民谣的，听民谣的看不上听流行的，鄙视链不断循环，听歌也能听出优越感，有时候很想说：不代表你听谁，你就是谁，别把别人的成就和光环，套在自己身上。

这类优越感，在“穷酸艺术家”们身上格外明显，他们见不得别人跟他们不一样，更见不得别人比他们有钱，最爱往他人身上贴上“拜金”“虚伪”的标签。

有时候，他们并不能理解：站着把钱挣了是什么意思？

站着把钱挣了的有李志，哪怕他很多观点我不赞同，他一些歌曲我不喜欢，但他的为人处事我很钦佩，他有些歌曲我也爱听，他和那些穷困潦倒的“叨叨艺术家”们不同在于：他在进步，他在做事，他干干净净赚了很多钱。

还有赵雷，无数人嘲讽着他上《快乐男声》《中国好歌曲》《歌手》还不是为了红，可是，“为了红”到底哪儿错了？

有作品、有实力、有情怀、肯努力、肯钻研、肯坚持，为什么不能将自己和自己的作品让更多人知道？

总不能因为你自己混得不够好、过得太穷酸，就要求别人也要继续混得不好、过得一样穷酸吧？

大多数人生不如意，多半是自身不努力，请好自为之吧。

你发的朋友圈，
很多都不是真正的你

我最近恍然大悟：为什么如今那么多人在乎朋友圈的点赞量。

一句话总结：没有网红命，一身网红病。

几乎可以达成众人共识的是：我们在朋友圈里的生活，远比真实生活要精彩得多，甚至连长相都要漂亮得多。

你每天都去楼下吃 18 元的盖饭，朋友圈晒出的却是红酒西餐；你每天都无法高效完成工作，被迫加班后朋友圈呈现出的是努力拼命的你；你习惯宅在家中，偶尔旅行一定要发张不知加了多少层滤镜的风景照。

朋友圈里的点赞和评论里的羡慕成了你的精神食粮，你面带笑意，看有没有你喜欢的人为你点赞，却没想到，他给你动态的上下条都点了赞，偏偏没有你，你笑不出来了。

我并不反感在朋友圈晒美食、秀恩爱、炫奢侈品的人，每个人都有展示自己生活的权利。

有时候，“分享”也是种“炫耀”，殊不知，超出你自身水平过多的炫耀，到了他人眼里，你宛如小丑，模样滑稽。对于多数人来说，朋友圈是熟人社交媒体，大家对你是怎样的人都有一定的了解，你为自己打上的标签通常会被毫不留情撕下。

所以，在朋友圈遇上情商低的人喷你，你不如真胸怀一颗网红心吧，骂不还口，出来混，总得还的。

朋友圈里，有不少人爱当“点赞狂魔”，动一动手指，送出一个赞，表达“关心你了”，还能让对方注意到，何乐而不为?

可惜，有更多人，太在意这些友情赞了，真把自己当作了网红。

前段时间，我朋友把我骂了一顿。

理由是：“你有空给美女点赞，却忙到没空回我消息！”

我点赞是在昨天，她发消息给我是在一小时前，可在朋友圈里，无法显示我何时点的赞，于是到了她眼里，便是“重色轻友”了。

更糟糕的是，她补了一句：“你给她点赞，居然不给我点赞！”

一个朋友圈，上演一出出好戏，精彩，精彩。

朋友圈里的一个赞，暗藏玄机，足以写成一本社会学专著，因你不知这个赞背后，暗喻着多么复杂的人际关系。

请你回想回想，在某个阶段，你与某个人关系亲密，你们常在朋友圈的评论区聊天，明明可以私聊，为何要在朋友圈你一句我一句回复?

我们都知道：只有熟人才能看见你我间的互动。这是一种微妙的互动，与发朋友圈类似：我要展示什么。

当你和那个人生疏后，点赞似乎成了最好的“关系维系方式”，证明你我还有个联系，没有“互删退圈”，这是新媒体时代赋予我们的新的社交关系——

“点赞之交”。

听起来，比“点头之交”带感多了。

或许是现实中的人际关系太危险，一不小心就会陷入危机，深谙“切莫交浅言深”的我们渐渐回避现实，朋友圈是绝佳的回避区：有些人在现实中要避开，但不能绝交，那么，给他点个赞吧。

所以有时候，我不会想发朋友圈，甚至会删掉朋友圈。

琐碎的生活不值得发朋友圈，偶尔的精彩会被误解，深夜里的感慨更是显得蠢，我不想给别人看见我一时的脆弱，删吧删吧。

我想让你们看到的，恐怕是通过朋友圈无法展示的了。我再翻一翻朋友圈，满屏的岁月静好，有些事情，我选择不去揭穿，我再翻一翻喜欢的人的朋友圈，却发现仅剩下几张照片，我想她也不想再展示自己了吧，又或者是不喜欢那时候的自己。

或许，有时候，关掉恍如天罗地网的朋友圈，不去看充满解构意义的美图，回归无聊的现实生活，也许能发现一些不一样的东西呢——

例如，在某个夜晚，你拿着瓶廉价啤酒，来到我面前，没有诗和远方，只有失落和咒骂，你会抱着我大哭一场，我也会轻轻拍你的背，说，没关系，以后会更好。

这个时候，你千万不要告诉我，你要拍个照发朋友圈呢。

我想我更想关注的，是生活，而不是虚拟的社交网络。诚然，社交网络能满足我太多的虚荣心，可是走千山万水，看万紫千红，若不是沉浸其中，而是一次次低头去在乎有没有点赞，那些风景的意义，似乎真的只沦为几十个赞了。

最后，我该如何告诉你近乎残忍的现实啊？现实是：除了少数真正爱你的人，没多少人会为你活得精彩感到高兴。

你在朋友圈展示的自我，无论多美好，无论多励志，在多数人眼里，是过眼云烟，是茶余饭后的闲谈，他们不关心你，即使点赞，也不代表他羡慕你或者喜欢你。

你精心包装出的美好生活，也极易破碎。你发了删、删了发的朋友圈，满足的永远是自己，而不是他人。满足过后是空虚，愿你早一点发现你的真实生活远比朋友圈更重要。

你所追求的所谓稳定，会让你得不到稳定

早早享受追求所谓稳定的人，往往最容易以后活得不稳定。

今天，我给你 6 个建议，让你清楚企业是怎样想的，你又该怎么去做。

1. 当公司不能让你能力成长，你应该选择换环境

一家优秀的公司，一份好的工作，是会让你快速成长的。不要相信有些人为你画的饼，你只是在变成一颗好用的螺丝钉。实现你个人价值，才能实现公司价值，不要弄反。

2. 少加班，利用空闲时间充电，增强个人能力

加班永远是低效体现，当你全部时间都用来“为公司付出”时，你没有稀缺性个人价值时，当你被裁掉时，上司的理由会是

“是你跟不上公司步伐”。别相信这套流氓理论，可以去认识一些 HR，看看他们制定的话术，你会有惊喜。

3. 总是谈情怀、谈团队精神的往往最没情怀、最没精神

做一个结果导向者，当团队给不了事情到底怎么完成的答案时，情怀只是借口。别忘了传销组织多有情怀。

4. 忘掉 HR 给你宣导的企业文化，直接看人

看上司的战略部署，看同事的工作效率，还是那句话，结果导向，不要相信口号，刻奇带来的感动很短暂，不信，现在 1000 人齐声唱国歌，你会在那几分钟更爱国。

5. 利用跳槽成长，但别滥用

HR 不喜欢太跳的人，跳槽别太频繁，正常跳槽节奏是 1 – 2 – 5，或者 2 – 3 – 5，世界上像 Facebook、google 或者国内早期 BAT 这样值得你待 10 年以上的公司没几个，合理利用跳槽是实现你成长的手段之一，但别滥用。

6. 多掌握过硬技能，多了解最新行业动向

安稳是最不安全的打法，你要做到被裁了立刻有猎头找、辞职了我单干也能活的水准，这种看似不安稳的状态，才是真正的安稳。

在我辞掉了安稳的工作决心全职做内容后，很多朋友倍感震惊。其实，了解我的人，都能察觉到，我做出成为自由职业者的决定来不足为奇。

毕竟，我要活出我想活出的样子。

想要说的是，我想做的，不仅仅是自由职业者这么简单，我既不喜欢过于安稳的生活，也不喜欢过于轻松简单的生活，我喜欢一系列忠于自己内心的挑战，等着看，便好，我会给你们带来惊喜。

唯有不安稳，才会获得内心真正的安稳，愿你能懂。

大多数怀才不遇，多半是无才不遇

之前我做采访时，对面的人哽咽道——

“那些主管都是瞎了眼吗？为什么我总是怀才不遇？”

我安慰她几句，整理好采访笔记，与她挥手告别。她，毕业一年换了 5 份工作，其中半年还在培训班度过，期间还转了行，每天下班后基本上都在看综艺和玩手游。

对女孩子我很难说狠话，一开口就煲了碗热腾腾的鸡汤，说：“还年轻，只要努力，时光是最公平的，它会证明一切。”

萍水相逢，采访后怕是再也不见，我并没有告诉她真相是——

大多数怀才不遇，多半是无才不遇。

有句古话是“千里马常有，而伯乐不常有”。

正如张爱玲那句“出名要趁早”般，这句古话不知误导了多少人，他们把自己当作千里马，总叹息：为什么没有伯乐赏识我？

伯乐们没有瞎，你或许不是千里马，你只是骡子，出来一遛就露了馅，还怨天尤人。

我们常见到这样的人：看起来什么都知道，爱夸夸其谈说个不停，好像什么都会，但什么都只有半桶水。

我朋友和我说起过他的室友，他室友自称琴棋书画样样精通，说大学考试实在太简单，看别人弹吉他爱评点几句，随意评点当红作者与经典书作家，人往那一站，就像话匣子被打开了，滔滔不绝，像个演讲家，谁反驳，他就变成辩论家。

结果，他弹吉他时和弦连C和弦也按不住，写一篇800字文章还要百度，考试连基本的名词解释也答不上来，纯靠作弊。

你是不是有过这样的时刻——

认为自己在某个方面有才华，于是看不起也看不上任何人，自以为找到了人生的方向与爱好，其实，你并没有花大量时间去练习，看过了太多天才事例，便自以为天赋出众。遇上专业人士时，毫无疑问，你会被直接碾轧，但你不服气，说："我要是科班专业出身，我比他还厉害。"

遗憾的是，你本专业好像也没多厉害。更可怕在于，你依旧没有为你自以为热爱的事情付出过努力，依旧沉迷在自我安慰的假象里扬扬自得。

有句著名的鸡汤叫"以绝大多数人的努力程度之低，根本轮不到去拼天赋"，让我加一句话，把心灵鸡汤变为心灵砒霜，"若要拼天赋，你努力一辈子也拼不了"。

想要成为舞蹈家就去练舞，想要成为钢琴家就去弹琴，想要成为作家就去写字，别总说"我想"，要实际去做。并且，绝不是三天打鱼两天晒网，你必须日复一日地坚持，才能成为一匹刚刚能奔跑的马。

我对文章开头那个女孩说："时光是最公平的，它会证明一切。"

这句话其实是成立的，但它需要一个前提——

你的所作所为够不够资格。

我常看见有人不愿做某件事时，抱怨道："我做不好是我不喜欢它，要是做我喜欢的事，我一定做得比任何人都好。"

当他做自己喜欢的事时，遇到困难，立刻退下，再骂道："这个社会太现实了，人根本没办法追求自己的梦想。"

遗憾的是，我并没有看见他为自己的梦想付出过多少，实际上，连第一步都没有迈出去。

他最终把所有问题总结为：怀才不遇。

我在3年多前一个月投了十几篇稿子，全部被退稿，我看着被发表的那些文章，心中不屑：明明没我写得好，肯定是编辑不识货，我怀才不遇。

我再回过头看我3年前的小说，不忍直视。

2013年，我写了近20万字废稿后，发表了第一篇小说，也和一家小说网站签了约，拿了人生的第一笔稿费。那时，我是欣喜若狂的，后来，在网站上连载的小说成绩不好，我依旧认为：我只是写得小众，我只是怀才不遇。

如今再看，我面红耳赤，无论人物、情节还是对白都粗糙到让我想将它毁尸灭迹。

我终于明白，我并不是怀才不遇，我需要学习得很多。后来，我系统学习了小说创作理论，解析了数部名家作品，潜心写了近百万字的习作。

渐渐地，我终于遇上赏识我的编辑们了，我并没有过于去主动寻求，却在潜心努力时收获了太多机会。虽然现在的我够自信，但仍觉得是我太过幸运，我要学的还有很多。

因为我明白——

大多数怀才不遇，多半是无才不遇。

我们喜欢自诩优秀与不凡，更爱听他人吹捧几句，时间一长，便陷在了自我欺骗的谎言中，当真以为自己能力非凡、才华横溢、实力出众。

像是场不算精心编织的骗局，又如泥潭般温暖让人沉迷，沾了一身泥泞还嬉笑怒骂不知将窒息而亡。

有多少分量，拎出来晒晒。人将谎言当了真后，便不知天高地厚，自负又自大，屡遭现实打脸后，哭天抢地，鬼哭狼嚎，声嘶力竭，痛斥现实的残忍与社会的不公，转身成为愤世嫉俗的热血青年，将自身所有失败怪罪于外界。

从不反思。

你只看见自己读了一小时书，却淡忘自己浪费了一天；你只知自己熬了一夜完成某项任务，却淡忘自己数天来浑浑噩噩趴在床上只知沉睡。

你没那么优秀，你向来如此平凡，你只爱找寻安慰，惧怕接受平庸的自己。只是你不敢承认，拼了命找毒鸡汤、挖蠢段子来证明你没那么平庸与不堪，看了本传记、听了段传奇就自认为也如传记、传奇般中的人不凡。

你还要骗自己多久？

大多数怀才不遇，多半是无才不遇。别再自己骗自己了，如果你足够热爱你的梦想，如果你足够拼命努力，在这个过程中，你遇见的和感受到的，会比你想象的还多。

Chapter 5 

请舍弃你 90% 的社交和非必要之物

别伪装了，
越来越优秀的你依然很自卑？

自卑与自信，不全是完全对立的，它们之间有着微妙的联系。

很多看起来非常自信的人，往往内心深处都有个“自卑点”，甚至，“自卑点”源于他最具闪光点的一面。

他们在人前自带光芒，在人后会不断质问自己：我有那么好吗？我是不是欺骗了大家？

这种心理被称为“骗子综合征”，我们可以在网络上看见有很多名人接受采访时表示即使自己取得了在外人看来极度优异的成绩，可他们认为自己的能力配不上如今的成就，靠的仅是运气好或是小聪明。

我认识一个作者，她仅21岁，名校背景，相貌出众，还未毕业就已经出过几本畅销书，拿下多项文学大奖，个人自媒体有着稳定高收入，我们都认为她是同龄作者中的佼佼者，她付出的努力我们也看在眼里。

有次聚会，她在我们夸赞之后，苦笑了会儿，说：“我总觉得，除了考上还不错的大学靠的是我自己努力以外，写作和新媒体上的成就，全靠我运气好。”

她的文章写得漂亮有逻辑，也颇有商业头脑，她说出这番话，我们起初以为是谦虚，她摇摇头，袒露了自己的心路历程——

“我虽然拿了一些奖，但我感觉我是投机取巧，每次参赛都会刻意去翻历史获奖作品，摸清套路，包括新媒体也是如此，我写下的标题、做出的内容、运营的模式，全部都是在模仿前人做过的东西，我总觉得……我是运气好，真害怕有一天一群人站出来对我说，你这个骗子！”

她的坦诚让我们沉默了，因为和她平日里的自信模样完全不同。

其实，并不是每个人都有能力去摸清所谓的套路，就拿高考来说，高考大纲把所有考点都摆在了我们面前，每套题的解法套路无论是书里还是老师讲课都会说得清清楚楚，可最后的成绩还是全然不同。

她之所以成功，归根结底还是她十几年如一日坚持不懈地阅读与写作，但即使优秀如她，还是会患有“骗子综合征”。

越优秀的人，反而越自卑。

不少很优秀的人，在取得成绩之前一直是默默无闻的，他们努力了多年，因机遇、环境等客观原因，始终看不见成果，导致他们在这期间是比较自卑的，但他们已非常优秀，只是没有得到认可。

直到有一天，他们多年的付出获得了成果，引发众人称赞，他们起初欣喜若狂，会有一段膨胀期，膨胀期过后，便会不习惯，不断自我怀疑：我平庸了这么多年，突然获得成就，我是不是骗子?

因为害怕被人“揭穿”是骗子，他们会逼迫自己成长，让自己“配得上”成就，随着付出与努力，本就很优秀的他们自然会越来越优秀，取得的成就也会越来越多，可他们内心的焦虑始终没法消散。

“骗子综合征”不局限于“逆袭”的优秀人群，还有从小到大都活在光环中的精英人群，他们出身名贵，年少成名，一路走来顺风顺水。

“逆袭”的优秀人群焦虑来源于成功前后的身份变化所带来的不适应，而从小到大一直在获取成果的人群自我怀疑的点是：我所拥有的一切，并不是我自身努力所得来的。

他们在几番挣扎后，做出的选择多数也会是更加努力，变得更优秀，且不断陷入自我怀疑的怪圈中。

凭借影片《这个杀手不太冷》玛蒂达一角而走红全球的好莱坞著名女星娜塔丽·波特曼，也在哈佛的演讲中表示：12 岁便成名的她也曾一度怀疑她的实力是不是根本配不上那份名声。

如今的娜塔丽·波特曼，拥有哈佛大学学历，拿过奥斯卡最佳女主角奖，演过数部经典影片，如此优秀的她，也曾陷入过挣扎。

这也是为什么很多看起来非常优秀的人，反而在某些场合不断说自己其实蛮自卑的。

“骗子综合征”所引发的怪圈并不是有害无益的，的确不少精英人士陷入自我怀疑的焦躁从而引发心理上的疾病，但“骗子综合征”更像是一种“自我压力”，正因为对自身的怀疑和不信任，才引发了我们决定更加努力，想使自己变得更加优秀。

如果你是越优秀越自卑的那类人群，请不用再焦躁，你更应该去坦然接受你所获取的成就；不要妄自菲薄，要虚心接受他人的批判，也欣喜地接受他人的夸赞。

你要去学会定量定性分析自身的技能、能力和努力程度，再对应你所获得的成就以及他人对你的公正评价，你会得出正确的答案。

世界上最自私的话莫过于：我这是为你好

世界上最自私的话莫过于——

“我这是为你好。”

这句话的潜台词意思是：“我为你好，所以我是对的、你是错的，我关心你，所以你得听我的，我在乎你，所以你得改，你得回到我喜欢的状态。我这是为你好，你怎么就那么不领情呢，你也太自私了吧？我这是为你好，你怎么就不站在我的角度想一想，你也太绝情了吧？”

“我这是为你好”，是几乎每个人都会说出口的话，其实，说出这句话来，是最自私的体现，无非想的是：我什么都对，你什么都错。

你没有权利对他人的生活指指点点，无论你的身份是什么。

1

成长过程中，最容易说出“我这是为你好”这句话的便是父母。

人应当尽孝，于情于理孝顺都没错，只是让我感到惶恐的是，世上有太多人，拿“孝顺”来作为道德绑架的第一步。

我庆幸时代的发展，让越来越多人尊重人格的独立，父母将子女拉扯大自然是无私的、是伟大的、是令人感动的，但永远不要把情感和人格做概念偷换。即使是父母，也不可以擅自为子女做决定，更不可以插手他们的人生，侵犯他们的隐私。

小时候的我们，娱乐设施缺乏，情感无处宣泄，日记成为最好的倾诉方式，被父母偷看日记成为大多数 80 后、90 后的共有回忆之一。

我至今记得一名老师在讲台上慷慨激昂道：“你父母含辛茹苦把你拉扯大，看你日记怎么了！就应该看你日记！他们想要了解你、关心你的苦心你懂吗？他们这是为你好啊！”

我一直都想对那位老师说：尊敬的老师，您是否对得起您“老师”的称号？人之所以为人，是拥有人维护自己隐私的权利，没有谁可以打着“为你好”的称谓去侵犯他人隐私与人权，这样做，讳反道德，也违反法律。我已成年 7 年，无论年龄增长到哪一步，我都会站在孩子那一边。

打着“我这是为你好”名号的父母们，你们确定你们有过站在孩子们的角度考虑吗？在从未试图尊重他们所喜欢的、他们所讨厌的一切时，便将你们所认知的“好”与“坏”、你们所认定的“对”与“错”、你们所“喜欢”的与“讨厌”的强加给他们，真的是“为了他们好”吗？

这种道德绑架会从学生时代延续到很久以后，“我这是为你好，所以你得学这个专业”“我这是为你好，所以你不可以从事这个行业”“我这是为你好，所以你必须回到家乡工作”“我这是为你好，所以你要和我给你相亲的那个人结婚”……

人总是爱将自己的感受强加于他人，愿所有父母在强调“我这是为你好”时，能为子女们想一想，他们听从了你们的决定，是否真的会幸福？

我永远尊重“人格”二字，无关年龄，无关身份，更无关地位。

2

在恋爱中，更是容易出现“我这是为你好”这句话。

《奇葩说》有一期论题是，“伴侣该不该看对方手机”。两个人在一起，是互相不信任到什么地步了才需要做出看对方手机这种事从而获取信任感？

即使是情侣，也需要尊重对方的喜好、隐私与独立生活，热恋时的情浓会让两人如胶似漆，但在趋于平淡后，总自私地站在自己角度去想，终归会有摩擦，甚至关系断裂。

我曾这样形容过我理想的爱情——

我理想中的爱情是两个人共处一室，背对背而坐，我抱着电脑看战争片，她捧着一本爱情小说，互不评价；夜深了，她去她的闺密茶会，我去我的哥们儿聚会，互不干扰，但……我们的内心永远连在一块儿，相互感受得到对方的温热。

我是我，你是你，我们是独立的个体，但彼此关心与相爱。

我见过身边太多情侣的争吵都是源于相互的无法理解以及过于干涉对方的个人生活。相爱是一件很微妙的事情，两个人在一起，当然会有至少一部分是相似的，或者至少某一个观念是达成共识的，所以才会愿意你侬我侬。

相爱中的两个人当然要一起旅行看风景、看潮起潮落，也要一起购物体验生活中的每个细节，更要一起去对方爱去的餐厅、看对方爱看的书与电影、听对方爱听的歌。若真正相爱，他们无须说出“我这是为你好”这样的话，因为他们为互相所做的每一件事，都是为对方好。

为一个人好，从来不需逞口舌之快。

3

有时候，连友情，都可以出现“我这是为你好”这种话。

比起父母和恋人这种更为亲密和敏感的关系来，真正高质量的友谊，更应相互独立。对于父母，我们自然是有亏欠，对于恋人，我们或许会互相陪伴一辈子，这两种关系亲密到无法割舍，所以，或多或少，双方都有一些“我这是为你好”的资格，因为也许真会发生“当局者迷，旁观者清”的事件。

友情是绝不可以说出“我这是为你好”这种话的。好的友情，是陪伴，是理解，是支持，是朋友犯错时不用顾忌地指出，是朋友失落时随时出现给予安慰，是朋友开心时陪他一起开怀大笑，但无论如何，不能说出“我这是为你好”。

“我这是为你好”的潜台词前面说得很清楚了，无非代表着“你错了，我对了，听我的”，大多数友情，朋友双方都是同等年龄、同等阶层的，思想境界也相近，身为朋友，并没有权利说出这类话来。即使，你是比他成熟、比他高阶层的朋友，你也不可强势说出“我这是为你好，你听我的准没错”这样的话，友谊是最平等的一种关系，这类话是破碎关系的开始。

《欢乐颂》里有一集，安迪指出邱莹莹看毒鸡汤成功学书籍是不对的，邱莹莹大发脾气与安迪大吵一架，认为安迪不尊重人。事实上，安迪从没说出“我这是为你好”这种话，只是从客观角度分析利弊得失，只是情商不高的邱莹莹误解了安迪的意思。

我们并没有权限插手身边人的喜好憎恶，连安迪如此客观的分析都会使人觉得被侮辱，若是她再加上一句“我这是为你好，我比你聪明比你资历高，所以你得听我的”，后果大家都知道，会更糟糕。

去年，我给大学的好朋友写了篇文章，文中我写——

“我想最好的友谊就是如此吧，最糟糕的时期相识，最茫然的时候一起放肆，最认真的时光一起奋斗，一起共享过青春末期所有的失落、放纵、坚持与努力。我们再看见对方狼狈、负面、失落的一面后，反而没有疏远，而是第一时间想给予安慰，再褪去所有伪装和光鲜后，还能如此，实属不易。”

最好的友谊，就是如此啊，互相尊重，互相独立，彼此关心，彼此帮助，但绝不会私自插手对方的决定。

4

我们的生活中从不缺乏道德绑架和双重标准。

世界上最自私的话莫过于“我这是为你好”。无论是亲情、爱情还是友情，都不应该用“我这是为你好”来做道德绑架，更不应该设立双重标准。

任何人都不是谁的附属品。请牢记，无论何时何地，若你真是为了对方好，请用实际行动证明，不要再说出这句自私的“我这是为你好”。

既然死亡终究要来临，那我们为什么而活？

我时常想起一个家庭，念念不忘。

6年前，我在外求学，备战高考，租了个小单间，环境简陋，屋内只有床与桌椅。形形色色的邻居们都不富有，甚至贫穷，年少的我，性情孤僻，恨透了市井气，上学下学，躲着他们。

有个邻居，比我小一岁，次年高考，他与他父母住在我楼上，挤在没卫生间的狭小房间里。我没与他说过话，他比我还要沉默，直至一日，我听人说起他们的家庭。

他父亲得了绝症，已放弃治疗，回到家中等死。妇女们聚在一起，问起为何不救，他母亲说：“救要花许多钱的，救了也活不长久。我没钱，钱要供儿子上大学，所以不救了。”

我在得知这件事前，一度瞧不起他父亲，正值中年，竟在家中无所事事。在知晓一切后，我看那个中年男人，在午后的阳光中撑着腰，慢吞吞上楼梯，发福的身体禁不住颤抖，我总想起那句“我没钱，钱要供儿子上大学，所以不救了”。

6 年，我从没忘记。18 岁的我无法理解人究竟是有多无法理喻才可以做出这般残忍决定。

6 年过去后，我知晓她的决定的确残忍，但……一个人究竟是有多绝望才能如此轻描淡写地说出生离死别的决定？

我一直在想：既然死亡终究要来临，那我们为什么而活着？

1. 葬礼，一场逼真的演出

我 16 岁时，参加了人生第一场葬礼，第一次直观接触身边人的死亡。

是爷爷的葬礼。

深夜，妈妈和我看电视，忽然，电话响了。电话传来的是爷爷去世的消息，夜里，我们坐上亲戚的车，赶去那场葬礼，车上有个亲戚说：“还是来了啊。到时候去了，抹一抹眼泪，哭一哭吧。”

那是我第一次近距离看一场真人秀演出，群魔乱舞，演得真精彩。

我到了，我像是作秀般被人推到爷爷尸体前，他躺在床上，一动不动，就像睡着了，听说是几小时前断了气。身边有各种亲戚的怂恿：“说几句话呗，说几句话呗。”

我没说话，退下，他们前赴后继，有条不紊，轮番上阵，在爷爷面前大哭，像是唱歌般。抹完眼泪，退下，下一个上，退下的去角落，擦干眼泪，红光满面，笑。

他们是在笑。

我在 17 岁时写过这场葬礼，我反复形容葬礼上亲戚们的特有哭腔，带着民族风味的曲调，我写“或许我回家还可以用吉他把它弹出来，写成曲谱”。

爷爷头七时，我又回了次乡下，我躲在车中不肯出来，不想再看一次精彩绝伦的演出。然后，那些油光满面的、眼中放光的、笑容猥琐的、衣衫褴褛的亲戚们说：“这小孩真不懂事。”

哦，懂事，懂事。

一夜一日后离开，回到家中，父母还在乡下，我喊了高中的好朋友来我家中，陪我一晚。因近乎一夜未睡，次日睡过了头，我与朋友飞奔至学校，在校门口，被老师拦下，要求留下姓名与班级。

他问我：“怎么回事？迟到像什么样子！”

我说：“我爷爷昨天去世了。”

老师愣住了，狐疑着上下打量我几眼，我至今仍记得他那中年男人所特有的猥琐笑容和官腔语气，他说：“那也要按规矩办事啊。来，签字。”

哦，规矩，规矩。

到了教室，与我不合的班长嬉皮笑脸来到我面前，说按班主任的规矩我该在教室后面站一天，我不理会他，后来，他喊来了班主任。

班主任对我与我朋友吼：“你为什么迟到！你怎么证明你们俩昨晚是在家里，而不是去网吧上网通宵了！”

哦，证明，证明。

我冷笑，回到座位，当着所有人面，扔了书，离开学校，回家待了一天。

我是南方人，南方春节有回乡下扫墓的传统。8年前的葬礼后，我拒绝再回乡下，拒绝与一切亲戚有来往，为此也与家人发生过数次冲突。所有人都误解我是痛恨农村的贫穷与低贱，才如此排斥，我也常被亲戚们强加“冷血”“不懂事”的标签。

我不愿多解释，理解是世上最奢侈的情感之一，更何况，无数人爱打着关心的幌子刺得你鲜血淋漓，我宁可像刺猬般蜷缩起来也不想再给他人刺伤我的机会。

8年时间过去，我记得每一个细节。我发了誓，绝不活成我所讨厌的那种成年人。8年来，我也一直在思考：既然死亡终究要来临，那我们为什么而活着？

2. 人只能活一次，不能虚度光阴

我们同样赤裸出生，也同样会衰老死去，一生时间很长也很短，既然无论如何都逃不了一死，我们为什么而活着？

我总观察我身边的人，少数人愈发优秀，把生活过成了诗，多数人愈发平庸，日复一日无所事事。我发现了很有趣的现象——

越是成功的人越是努力，从不抱怨，他们越是能拼了命朝梦想一步步靠近。越是平庸的人越是不努力，每日每夜抱怨，将自身的失败与不作为全怪罪于现实与社会，却从没为梦想付出过一丁点儿力气。

我们渐渐开始回避“我为什么而活着”这样的话题，总爱说“认真你就输了”，总允许自己活成自己不喜欢的样子，然后装出一副过来人的语调说：人总要现实点，差不多就得了。

我想，你敢不敢深夜叩问自己一句：甘心吗？真的喜欢现在做的事吗？真的情愿一辈子这样下去吗？

我们难逃一死，死亡教会我们的应该是思考为什么而活着，既然人终究要死亡，那为什么这一生不活得精彩点，不去追求所有想追求的事，非要到死亡时再追悔吗？

我为此而活着。

我在文章开篇提及两件有关死亡的亲身经历，并不是想说：我看见了世界不好的一面，所以我恨这个世界。我早已过了憎恨世界的少年时光，时光让我学会了如何温柔抵抗外在的恶意，我比任何时候都要热爱生活、热爱世界，我也要求自己：无论多少岁，都不能忘记善良的本心，众善奉行，诸恶莫作。

我永远记得 8 年前那场葬礼，也永远记得 6 年前那个家庭，更永远记得我每次经过火车站所看见抱着婴儿打地铺的夫妻，永远记得被城管拆了摊位打得头破血流痛哭流涕的摊主，永远记得因为一张罚款单而泪流满面的出租车司机。

我早已理解 8 年前葬礼上亲戚们的做法，但不代表我赞同；我更能理解 6 年前那个家庭灾难之后的决定，天灾人祸我们都无能为力。

如果我有能力改变，我会选择让世间的愚昧逐渐消失，不再出现虚情假意、矫揉造作的愚昧葬礼，会选择让世上的痛苦越来越少，不再出现因贫穷而必须选择一死的人生，我比你更清楚我的想法太天真，但，我也更清楚我要什么、我要怎么活。

我为此而活着。

3. 我为改变而活着

我一度骄傲自己擅于观察生活细节的能力，且能做到每一幕都记忆深刻。多年以后我才近乎悲哀地发觉，这项能力是上天赐我的原罪，折磨我，虐待我，使我困扰，使我不安。

我从不是圣母心，但我无法忘却那些低入尘埃里的面孔，他们生活在城市和农村的角落里，死去也没人关心。

没办法，我就是要写。

我热爱世界所有美好的瞬间，追求更理想化、更优雅的生活，但我忘不掉我所看见的每一个阴暗角落。

我说过很多次，我做不到对他们视而不见。

既然死亡终究要来临，那我们为什么而活着？

我的答案很明显：我们的一生中，会遇见很多美好，也会遇见很多阴暗面。很多人因年岁增长，慢慢麻木，选择对丑恶、肮脏、阴暗面进行回避甚至妥协，我从不评价与指责他人如何抉择，我没这个权利。但我没办法做到视而不见，我想去改变现状，也决不允许内心誓死要保护的世界被人弄脏。

我做不到视而不见，我太容易观察到现实生活每一个微小的细节，也忘却不了。

我为什么一直在书写，一直在输出，是因为我必须做出改变。写作让我收获了很多，但不为人知的是，写作对于我而言更像是一场自我折磨，我备受煎熬。但，我更瞧不起自己去选择妥协。

我常说：我力量很小，一个人改变不了，我选择找到更多志同道合的人，和我一起改变。如果找不到，那我选择影响更多的人，让他们相信我，再和我一起改变。

人只能活这一辈子，不管有没有人看，有没有人赞同我，我也会一直坚持下去。但我相信，我不会是一个人，我知道，你也在。

你刷了 1000 条朋友圈，没懂其中道理也过不好这一生

夜深了，你要刷朋友圈了，你的手指与手机屏幕，以 0.5 秒一次的频率在触碰。这是一场几十分钟的奇妙旅程，你时而点赞，时而拉黑，有时评论，有时转发，收藏干货，保存美图。旅程结束后，你看过了人间百态，心满意足，头昏脑涨，一时竟记不清：我刚刚都刷了些什么？

你刷过了美女爆照和丑人作怪，你看见了深夜鸡汤和戾气骂街，你体会了花样撕逼和大秀恩爱，你刷了 1000 条朋友圈，你发了 100 条朋友圈，送出去无数赞，收获了不少赞，惊叹于他和她居然也认识，悲痛于女神或男神好像从不回你评论，慌张于刚刚上班时发的朋友圈好像没屏蔽老板，空虚于收藏的文章没有一次重新阅读过。

有人说：人的一生，8小时工作，8小时睡觉，8小时吃喝玩乐加学习。

我想，还要再分四分之一给朋友圈吧。

无数人的生活，彻底被朋友圈绑架了。8小时的工作里，有2小时在刷朋友圈，睡觉前在刷朋友圈，睡醒第一件事刷刷朋友圈，最后的8小时吃喝玩乐，第一件事情是拍照，发朋友圈，第二件事情是刷朋友圈，看看那些妖艳贱货或者男神女神更新了什么动态。

你每条朋友圈都是精心挑选的照片和删改无数遍的文案，所以每条动态的点赞数与评论数都极其重要。

没有网红命，一身网红病。

朋友圈的世界，万紫千红，精彩纷呈。我真希望，你能活成朋友圈里的样子。

微信，真是伟大的社交工具，朋友圈，真是逆天的社交网络。

即使没有刷朋友圈的习惯，加上一个新好友，所做的第一件事情，仍是看一看她的朋友圈。我们以前常说：要了解一个人，先看看她的微博。如今是：要了解一个人想展示给你的样子，先看看她的朋友圈。

怕只怕，满怀期待点开朋友圈，遭遇横线危机，你望着那条横线，百思不得其解：她为何屏蔽我？

怕还怕，朋友告诉你她昨天去韩国玩啦，朋友圈发的照片真好看，你刷了她相册无数遍，仍没有那条状态，你思索无数次：她为何分组不对我可见？

怕更怕，你刷了无数条朋友圈，你点了无数次赞，你评了无数次论，你满心热忱转发一篇精彩的文章写下数百字高深感慨，无人点赞无人评论；你拍照修图想文案足足两小时才发出去，无人点赞无人评论；你手机摔了你跌了一跤拍照发朋友圈表示惨烈，仅有一人点赞，你还装作很多人点赞的样子，说：不知道点赞的人都是什么心态。

我想你是将朋友圈当作一出戏了，且入戏太深。

总有人，会在朋友圈里当甜言宝宝，无论谁发了张多惨烈的照片，他都会说：哎呀，好美啊。

总有人，爱在朋友圈里当毒舌达人，无论谁拍了张多美丽的自拍，他都会说：呵呵，又胖了！

总有人，易在朋友圈里当反对狂魔，无论谁发表了观点或者心情，他都会说：你说得不对。

当甜言宝宝的，总是在等别人回复的甜言，可惜，等到的是敷衍。

当毒舌达人的，总是想证明自己的存在感，可惜，丝毫没存在感。

当反对狂魔的，总是以为自己多么独特，可惜，换来的是反击。

你开始觉得自己发过的每一条朋友圈都能证明自己是独一无二的白痴，于是，一条条删，第二天，依旧忍不住发朋友圈、刷朋友圈，刷完后，依旧空虚无比。

你到底在发什么？你想发的是炫耀自己过得有多好，可你知道，你过得有多不好。

你到底在刷什么？你想充分利用碎片时间刷朋友圈，但很遗憾，你所有时间都在浪费。

其实，发朋友圈并没有错，如果它能真实记录你的生活和心情，朋友圈是极好的记录方式，可惜啊，太多人需要关注，需要关心，活生生将朋友圈演变为一场孤独的狂欢秀，秀给了无数人看，无数人看完后仍是遗忘，哪怕送出一个可有可无的赞。

其实，刷朋友圈也没有错，我们总需要一些信息来消遣，从 BBS 到聊天室，从论坛到贴吧，从微博到知乎，从 QQ 空间到朋友圈，各式各样的信息在爆炸，才能满足我们对八卦、对欲望、对知识、对娱乐的索取。

然而，我们总是会走偏方向。

你写了 100 条朋友圈，也写不出你真正想表达的观点。你看了 1000 条朋友圈，也懂不了你始终想要明白的道理。

朋友圈，不是你的人生，先将现实的人生过好吧，亲爱的你。

为什么越长大，你的朋友越少?

我不太喜欢“缘分”这个词。

“缘分”二字，被人用得太多，好似我们在生命中遇上的所有人，都是上天给我们安排的，我们无从选择。

事实上我们是有选择权的，甚至，遇上谁，都可以自己选择。

只是我们每个人都太懒了，被动等待所谓“缘分”送到我们眼前的人，不管喜不喜欢，合不合拍，都得接受。

年龄越大，能谈心的朋友就越少了。

怪谁呢？怪你自己。

虽然我会说，我们能选择自己遇上谁，但我也知道，可选择的余地太少了。

因为“选择”本就代表着“目的性很强”，人生太累了，那么多目的摆在面前，实在不堪重负，这真是矛盾。

你没办法让老去的父母重返青春，也没办法自私地把朋友捆绑在身边，终归是要走散的。

朋友交情一场，还是少谈些利弊吧。我很累，你也很累，我们不叙旧，也不展望未来，更别抱怨当下，我们真的很累了，就吃吃菜、喝喝酒、聊聊八卦吧。

我总是在奔波，你也为生活伤透了脑筋，朋友相聚，少一些日常中让我们都头疼的问题吧。

可是啊，越长大，我们能只吃吃菜、喝喝酒、聊聊八卦的朋友怎么就越来越少了呢？

真让人泄气。

朋友，当然是有门槛的，这个门槛是：三观相仿，相互扶持。什么志同道合或者爱好一致已经是可遇不可求了，朋友之间，志向不同或兴趣迥异是一件有趣的事情，怕只怕友谊的不平衡。

一个人不断索取，一个人不断付出，这从来就不是友情。

友情当然要不计回报，不过，它更是平等的。

既然是朋友，要做到在疲惫一天后听到朋友失恋，陪他喝到天昏地暗，只是，若永远是一方抱怨，另一方安慰，怎么听，都是令人不舒服的友谊。

没人天生要当你永远的情绪垃圾桶。

我们越长大，便越忙碌，各自的工作和恋情已让我们应接不暇，朋友在这时候显得格外珍贵，相互扶持一把，安慰一番，也让心里宽慰几分。

我突然想起每场毕业会，总是有很多人哭得惊天动地，抱在一起，说永远联系。

永远有多远？联系如何系？

远到几年就散了，系到最后就断了。

我们一生中，会遇上成百上千人，有那么几十人我们都曾以为可以永远联系，然后，越长大，朋友越少。

最心寒的莫过于：你把别人当朋友，他把你当人脉。

大多数处得长远的友谊自然是两者都有着相近的收入、地位和相似的观念、处世原则，很遗憾，我们太容易学会将心比心了，太容易掌握互换原则了，一下子，把友谊当作了名利场。

朋友相聚真的不等同于社交场合，我们就是这样，一步步，将自身的观念给混淆，将挚友给推开。

我将你当朋友，自然会在你困境之时拉你一把，而不是权衡利弊选择离去，可是，我不是你的人脉，我是你的朋友，希望你能分清楚。

希望我也能分清楚。

希望我们，不要再让所谓的染缸污染了我们的友谊。世界上太多东西都会被染上各种颜色，我们也心甘情愿，因我们都期待精彩，但……有些东西，真的不可以染上一丁点颜色，那些不可以改变的，代表着最初的是最好的，愿你能懂。

好久没见了，朋友，出来喝一杯吧，不谈房价，也不谈理想，不聊过去，更不聊你我，只是见一面，我们都累了，要好好歇一歇。

谁知道我们这样的见面还能有几次呢？我们都知道，越长大，朋友越少，珍惜吧！

一想到当父母不需要选拔和考试，我就毛骨悚然

有则新闻挺火的，叫《父母租住地下室 1 年攒 3 万，儿子 50 天全送游戏主播》，我不是第一次看见这类新闻，每次阅读，心都隐隐作痛。

熊孩子用 50 天花掉父母辛苦赚来的 30770 元，让贫困的家庭陷入僵局，这让我想起很久前另一则相似的新闻，讲的是少年迷恋手游，充值买游戏装备花掉了身患绝症的母亲的救命钱。

世间百态，悲剧总是那么相似。

有人批判网红，有人痛斥游戏，有人细数熊孩子们的种种罪行，悲叹道：一代不如一代，老一辈人的精神都被这群熊孩子败光了！

我仍是心疼，心疼那些孩子，自童年起在扭曲的环境中长大，得不到好的教育，受不到真正的尊重，他们不明白人间真正美好的是什么，也看不见未来等待他们的究竟是什么，在浑浊的社会中，

被污染了灵魂，成为我们口诛笔伐的对象，沦落为我们茶余饭后的消遣。

我从十几岁起，观察熊孩子们的父母，10 年的时间，我发现可悲的现象：熊孩子们的父母，大多数在年轻时也是不学无术的流氓与混混，或者是一事无成的 loser，在混混沌沌中，为人父为人母，用歪曲的三观教育无辜的孩子，将看不见的恶一代代留传。

我一想到当父母不需要选拔和考试，我便毛骨悚然。

1

我很恐惧婚姻，也一度想过成为丁克族，大概是 10 年以来，那些熊父母给我留下了太深刻的印象，以致我格外恐慌，害怕自己不具备为人父的能力，让我孩子的童年与青春期被笼罩上阴影。

很多父母，根本不具备教育子女的能力。

我听过有个父亲说，“棍棒之下出孝子”，当我试图告诉他打孩子违反法律时，他叫嚷着，“现在的年轻人个个都不得了了，打我生的小孩居然还敢说违反法律！不打不行啊，和他讲理，哪里讲得过他！”

我明白了，这位父亲要传达“讲理讲不过就可以动手，就可以用身体的强壮欺负弱小”的理念，我真心疼那个男孩。

我听过有个当教师的母亲说，“孩子日记应该偷看”，当我试图告诉她这属于侵犯隐私权时，她叫嚷着：“我生的孩子，我凭什么不能看她的日记！我这是为她好，她不跟我沟通，我得了解她啊！”

我不知该怎么去强调，偷看日记是道德败坏的行为，我也不知该怎么申明，沟通是建立在尊重的基础上，我真心疼那个女孩。

中学时，我记得有个亲戚，带着她的孙女来我家中做客。亲戚的儿子和媳妇在外打工，他们将女儿托管给我亲戚，在乡下长大。那天下午，在街边，两岁的小女孩在街边乱跑，亲戚爆着粗口，把小女孩拉过来，用难听的话训斥小女孩。

那年我十四五岁，10年过去，这个画面始终在我脑海里抹不掉。

小女孩生长的环境，身边都是这类人，粗暴、肤浅、低素养，我不敢想象她的童年。小女孩的父母，究竟给了她什么，就敢如此匆忙把她生下，尽不了义务和责任，给不了好的环境和教育，便让生命降临到繁杂世界中，走一遍苦难。

我记得，小女孩未出生前，她奶奶便天天叫唤着要抱孙子，催促尚不成熟的儿子、媳妇结婚生子，好让她“安享福分”。

自私自利便是这么一代代传承下去的。

2

我相信罪恶是有源头的。

我从2015年起，养成一个习惯，每隔半年去一个穷苦小镇或村子走一走。我常看见街头的那些孩子在肮脏的土地里玩耍，身边的大人粗鲁地说脏话、吐痰，车过时，灰尘扬起，孩子蹲在路旁，抬起满是泥泞的脸，我透过漫天的灰沙，看他们的眼睛，感到揪心。

他们要花多久才能明白，和他们差不多岁数的孩子，在外面过着和他们完全不同的生活？

我自然清楚“优胜劣汰”的道理，总有很多恶劣的、失败的、低俗的人，为了完成“结婚生子”的“人生大事”，生下小孩，将恶劣的、失败的、低俗的观念教育给他们的后代，当他们的孩子做错了事情，全是孩子的错，和他们的教育无关。

社会是根据一系列规则建立起来的，人生要通过一系列考核才能不断进阶，我们都熟悉了这一套体系，学生时期通过考试来选拔优秀人才，工作时期通过 KPI 等一系列考核来决定晋升，这套方式不一定完全科学，会淘汰掉些人才，但大数据上来看，还是筛选出大多数强者，过滤掉大多数不优秀的人。

大大小小的事，都有个选拔体系和标准，都有着或多或少的培训。唯独婚姻和繁衍后代不需要通过考核，不需要经过培训，真让人害怕。

婚姻还是有着筛选的，毕竟我们都已接受了门当户对的观念，大多数婚姻，都是男女有着差不多的实力和背景，鲜见悬殊对比，所以，婚姻也被分成了三六九等。最低等的人的婚姻，自然是夫妻之间都没有好的背景，甚至说，他们都是多数人眼中的社会败类，无辜的，便是他们的后代。

我很厌恶这类“高等、低等”的简单粗暴分类，可是，社会的规则血淋淋摆在我们面前，少数人可以挑战，多数人逆来顺受。

草率的婚姻，草率的繁衍，将错误草率地延续着，最终给了孩子草率的人生。

3

杨永信的事例传遍了全国，他自称“网瘾戒除专家”，用“电击疗法”治疗网瘾少年。

后来的事，大家都知道了，他用惨绝人寰的手段去虐待那些少年，将他们电得惨叫，抽搐，口吐白沫。

送那些少年进来的父母，他们声泪俱下，说网瘾怎么毁了他们的孩子，说孩子不听话就得吃点苦头才能涨教训，说哪怕把孩子电死了也不能让他走上犯罪的道路。

我又想起了花光母亲救命钱的熊孩子了，又想起在粗口、辱骂下成长的我亲戚的孙女了，又想起在灰尘中玩着泥巴的那些孩子了。

真希望，在扭曲环境里长大的他们，能够在未来的日子里得到正确的教育，不要被送进丧失良心的地方受电击，不要走投无路去害人害己。

我不会为犯罪、堕落的熊孩子们说任何话，做错了便是错了，法律会给予他们惩罚。我写下这篇文章，只想告诉那些父母：你们何时可以正视自身的错误，去做一个健全的人，给孩子们美好的童年？

我亲眼看见的，我亲耳听见的，我不知该怎么去诉说：救救孩子们。

他们告诉孩子们，要为爸爸妈妈争口气，可没有能力告诉他们人生为什么要努力、坚持和奋斗，在他们眼中，人努力、坚持和奋斗是为了享乐作福，甚至是为了为非作歹，享乐主义，便是如此延续的。

他们教导孩子们，出门在外要学会算计，找份好工作，不要去想那些不赚钱的事情，必要的时候，占点小便宜、钻些空子也是可以的，要去讨好、巴结那些有权有势的人，拜金主义，便是如此传承的。

在他们眼中，超出他们常识的，便是错的，孩子想要反对，便是不孝，孩子想要改变，那套“我这是为你好”的自私理论又华丽登场。

他们将单纯无辜的孩子一步步变成与他们相似的模样，自私、低俗、恶劣，再用“爱”的名义，将孩子送进电击场，再用“血”的教训，痛斥孩子的狼心狗肺。

我的背后，泛起阵阵凉意。

谁能救救孩子们?

人生在最开始便是不公平的，我们都知晓这个道理，努力的价值便在于此，我们能通过自身对爱、善良、美好、温暖的向往，成为更好的人，抹去内心的恶。

我希望，每个孩子，在了解残酷的同时，也能从小便信仰爱、善良与美好，我们不能因为世上有阴暗面，便自甘堕落，助长绝望滋长，至少，从我们开始，将阴暗面一点点消除，将真实与友善一步步传递。

只是，当我在肮脏的街道旁看见跪下乞讨的孩子，当我在红灯区外看见蹲在路旁当小偷的孩子，当我在贫困村里看见满身痞气的孩子，我知晓，恶的种子已在他们幼小的心灵里种下，我们来不及去拔除种子，他们的父母让种子生根发芽，最终开出黑色的花，腐烂了孩子们的心灵。

你看不见的角落里，总有什么在溃烂。

即使如此，即使我对无力改变的现状深感悲痛，我也依旧相信爱、善良、美好和温暖，还有期待纯真的你们，都和我一样，想用自身微薄的力量，做出一点点改变，从自身开始，从影响身边人开始，让溃烂早日终结。

救救孩子吧。

你的生活正在被手机一步步毁掉

我们活在多荒诞的时代——

手机没电了，就代表那个人失联了。

当手机电量格由绿色变成红色时，你便会开始焦躁不安，不断问身边的人：你有没有带数据线和充电宝？

蛮尴尬的。

我们的生活正一步步被手机所绑架，我们能想象的大多数日常事情，都可以用手机完成，手机没电，仿佛代表你这个人只剩下半个。

哪怕是与家人、朋友见面时，手机也依然保持着几分钟打开一次的频率，我们娴熟地掏出手机，解锁，点开几个APP，来回切换，心满意足放下，几分钟后，再重复同样的戏码，即使你实际什么也没操作。

但就是克制不住打开它。

你有没有注意到，你的意识，正在被手机一点点蚕食，你的生活，正在被手机一点点摧毁?

我们不仅害怕自己手机没电，也特别害怕身边人手机没电。

当几条微信发过去没有人回时，我们百般无奈选择了打电话，听到对面传来的是“对不起，您拨打的电话已关机，请稍后再拨”时，我想你的心情是崩溃的。

如果是深夜，内心戏丰富的你恐怕已经脑补出无数个 8 点档爱情片狗血情节甚至深夜档十八禁画面了。

一个人的手机没电几小时，仿佛是这个人人间蒸发数十年。

我突然想起我的小时候，大家都没有手机的那个年代，约见面时，依旧都能准时抵达见面地点，几小时的相聚，完整，纯粹，快乐。

如今的时代被碎片化了，我们的相聚也变得极为零碎，无论是多人还是少人的聚会，总会有那么几个人，一直低头玩弄着手机。

科技让远距离的沟通变得便捷，让近距离的相处变得尴尬。

不得不承认的是，手机太重要了。

你的工作、社交甚至吃穿住行都与它息息相关，所以你才离不开它。

可是，我们的生活，也是慢慢被它所摧毁的。

当你习惯了碎片化的时间后，你的注意力很难再度集中。

例如，当你想用整块时间阅读一本书时，你会发现你总是忍不住掏出手机看几眼，甚至到最后刷起了微博和朋友圈。

例如，你去电影院看一部电影时，你始终没办法在两小时里浸入式观影，你会想有没有人给你发微信，会想精彩镜头要拍小视频发朋友，来了电话，你在犹豫是接还是不接。

例如，你在工作时，总是忍不住拿它聊天，影响你的工作效率，你在休息时，总是忍不住拿它玩游戏，困意来袭，才发现，已经凌晨一两点。

你浪费了多少时间在那块屏幕上？

到头来，你会发现，你的每一天都有数小时是用手指在那块屏幕上滑动，接收了那么多信息，点了那么多赞，收藏了那么多文章，第二天醒来，全然忘了自己前一天干了啥，然后，继续躲在手机这座牢房里，不断重复。

排队时，走路时，坐车时，每个人都是低头党，翻阅着差不多的信息。

我时常看他们，也时常审视自己：除了必须要做的事情，我用手机都干了些什么，真的有意义吗？真的能让我开心吗？真的能让我得到休息吗？

我并不是要求每件事情都必须有意义，这样的确太累。无用的事情是让人开心快乐的，所以无用的事情也是有用，可我们翻了那么久手机，似乎并没有让我们得到相应的快乐。

我吃了冰淇淋，会觉得甜，我看了偶像的演唱会，会觉得爽，我和喜欢的女孩子约会，哪怕无所事事一整个晚上，我也觉得幸福，只是，趴在床上，翻手机翻掉几小时，我实在找不到能让我心情变好的理由。

除去一切有用和无用的事，休息是我觉得最重要的事了。

手机，让我们越来越累，何来谈休息？

在除去手机给我们带来的便捷功能外，手机，成了我们打发时间的最廉价工具，它看起来应有尽有，它让你的空虚变得更空虚。

我们就是这样一点一点让手机摧毁了我们的生活。

赢得尊重与成功靠的不是妥协，而是坚持

从小到大，我都在接受一种观点：若你想成功，你就要学会妥协，才会赢得尊重。

读书时，面对这种观点，我战战兢兢，想反驳又无力反驳，一个学生没做成过一件事，哪怕理论说得再精彩，别人一句“你这么坚持好像也没什么用”便能让你无言以对。

但我一直在坚持，我越来越明确，要想赢得尊重与成功，从来不是靠妥协，是靠你的坚持、努力和成果。

我从来没否认过成果很重要。

我也从没有表达过这样的观念：只有自己是对的，一点儿都不能妥协。我表达的是：内心深处的原则、理念和做事方式绝不可妥协，人要为自己热爱的事业和理想克服一些不爱的事情，但

不能背离初衷。

所有辉煌的背后都是年复一年的心血，我不相信全靠投机取巧就能取得成功，即使能，也多为泡沫，一吹便散。

最终成功的源头都是决不退让的坚持，我不相信毫无原则的妥协能赢得尊重，往往，获得的只是轻蔑的嘲笑。

上个月，我见了我两个朋友。

女孩是前同事，她作为牵头人让我认识了男生，他们正准备合伙创业。

原先是女孩公司里的一个项目，女孩找来男生一起做，但那家公司的老板的种种理念愈发与他们发生冲突，并且，老板违背了当初的承诺，思考之后，他们决心单干。

男生说："如果人活着，总是一味地去妥协，做一些违背内心的事情，那所做的事情还有什么意义呢？"

不谋而合，我深感赞同。我给他看了我公众号的一段文案——

"你不是传承者，你是领军者；你不是温和派，你是改革派。别管别人如何评价你想要的生活，我的生命如果不能创造些什么，我只会觉得自己白活了一场。"

他看了眼女孩，对我说："这就是我们的初衷。"

人遇到三观相符的朋友总是不易，我们交谈后挥别，他继续为项目去寻找投资，我相信他能成功。

某夜，我与朋友们听一场演出，我给他发去微信，说："新认识朋友的演出，感觉很赞，要不要来？"

他说："真的很想去。不过我这边拿到投资准备进驻，在淘宝算办公用品，弄好以后请你来做客。”

我握着手机，看聊天页面，为他感到高兴，抬头看台上歌手，她正唱——

“Trying to get up that great big hill of hope, for a destination.（竭力挣扎，想探到山顶希望的光芒，只为我这一生。）”

竭力挣扎，为一生中绝不可妥协的理想国而不断前行，我想，我们终究会看到山顶的光芒。

我笑着，给他回微信：“这么快就拿到投资啦！真棒，太为你开心了！”

他说：“嗯，拿到啦！就等我们去闯世界了！”

前路究竟如何，世界能被我们闯成什么样，谁知道呢?

我只知道，若是畏于前路泥泞，畏于世界布满荆棘，退缩到一旁，躲在并不舒适或许安稳的小空间里，这辈子都不会看见山顶你所期望见到的光芒。

不可以妥协，不可以退让，再坚持一些，再执着一些，没什么不对。

我说：我要写小说，我要出书。

迎面而来的声音：现在写小说的那么多，出书的那么多，你又不一定能比他们红、能比他们销量高。

我说：我要做自媒体，我要成为 KOL。

迎面而来的声音：得了，你没原始资源，也没资深人脉，花那么多时间，还赚不了钱，干什么呢?

我说：我要把我所有想做的事情都做一遍。

迎面而来的声音：你图什么呢，有什么意义呢，人活着干吗那么累，吃好喝好睡好就行了嘛。

我以前总想着怎么反驳，如今，我可以更为淡然面对，请注意，我的所有前缀词都是“我要”，而不是“我想”。

没关系，迎面而来的声音太多了，你每个都听是有多闲呢？我要做的能不能比市面上已存在的还成功是另外一回事，最重要的是：我敢不敢做，我能不能做。

我要看见的，是山顶我所期望见到的光芒，我为何要去听那些没有建设性的抱怨和嘲笑呢？

只要你坚持的事情没有违反法律没有违背道德，都是正确的，世界上能辨别是非的人很少，而自以为能界定是非的人却很多，他们往往双手叉腰对你说：你这样做肯定不行。

你要用柔软的外表抵抗满是刺的世界，用坚硬的内心承担内外的重压，如果你有心中那个绝不可被弄脏的世界，如果你有绝不可放弃与退让的原则，如果你有绝不可交出去的那份骄傲，那就遵从你的内心，永远别妥协。

别动摇，不回头地往前走吧，你会探到山顶希望的光芒。

请舍弃你 90% 的社交和非必要之物

别把你的生活变成了垃圾堆。

你并没有意识到，你在一步步摧毁你的生活，在这个信息爆炸的时代，你贪婪，你浮躁，恨不得拥有一切物质，参与一切社交。

可惜，90% 的社交都是无效的，你买的 90% 东西都是无用的。

每当“双 11”之类的节日来临，你就开始买买买，买了一堆廉价的衣服、鞋子，到头来，都只穿过一两次便尘封在衣柜里。

你的房间里，也堆满了一堆又一堆无用的东西：从来都不看的杂志，从来都不用的器材，趁大减价买回来的“生活用品”，你看起来像是省钱了，却不知，你在降低你的生活品质。

有一句话说得很好——

用买 10 件衣服的钱买一件衣服，慢慢地，你的衣柜就会经典起来。

并不是鼓吹大家只用奢侈品，只是，你的生活品质不应该那么差。扔掉那些让你显得廉价的东西吧，收拾你的屋子，清理干净无用的物件，视线之内只剩下家具和必用品。

最后，换上精致的家居用品，每一件都是独一无二，你的生活，才会显得精致。

想要高品质的生活，先从扔东西开始。

你还是一个疯狂的“社交分子”。

哪里有活动哪里就有你，谁喊你出去，你便随叫随到，你将这种浪费时间的行为美其名曰“人缘好”“人脉广”，殊不知，别人只是缺一个凑单的。

你总是能被想起来，你也总是被忽略的那一个。

人脉之所以是人脉，是别人把你当作同等分量的人，当你比别人不知弱了多少时，你把他当人脉，他把你当笑话。

你那么容易被约出去，你是有多闲?

更何况，绝大多数的社交都是毫无意义、毫无用处的。我也不是在鼓吹“功利性”社交，我只是要告诉你：你的时间不应该浪费在过多无用的事情上。

很多关系，是不需要维护的。你需要维护的关系，是你的家人，你的挚友，你的恋人，你的恩人。每个人精力都有限，能够维护的密切社交永远只有那几十个甚至少至十几个，当你在成百上千人身上做所谓的社交，你是在冷淡对你而言最重要的人。

如何做有价值的人，先从放弃无效社交做起。

一无所有的人，往往是囤积太多废弃物品的人。

一无是处的人，往往是看起来像什么都会的人。

任何事物，都是因为少才显得珍贵，都是因为精才显得罕见，到最后被人所牢记的，都会是将一件事做到极致、做到完美的人。他们有自己的穿衣风格，追求极简精致的生活，用毋庸置疑的态度坚持自己的信念，最终赢来万人称赞。

我所理解的极简主义生活方式，便是欲望从简、信息从简，学会克制，保持理性，追求最极致的，丢弃多数无用的，将全部精力投身到自身最热爱的事情上面。

这也是我一直所奉行的极简主义生活方式。

扔掉你 90% 的社交和东西吧，做一个极简主义生活方式奉行者，将生活过成诗，追求你的品质生活，成为有价值的人。

要记得，千万别将你的生活变成了垃圾堆。

Chapter 6

学会极简主义生活方式，你会过得更好

学会极简主义生活方式，你会过得更好

之前传闻 Facebook 的员工常私下讨论：我们老板是不是从不洗澡啊，一直都不换衣服？

事情当然不是这样的，在两个月陪产假结束后，扎克伯格在 twitter 中曝光了一张他的衣橱照，并配有“假期结束后第一天上班，我该穿什么呢？”的文字。

扎克伯格衣橱里挂满了数件浅灰色 T 恤与数件深灰色连帽衫，再无其他衣物。这并不是作秀，身价数百亿美元的扎克伯格向来都只穿灰色 T 恤搭配牛仔裤。

毫无疑问，扎克伯格是“极简主义生活方式”的忠实倡导者。

提到“极简主义生活方式”的拥护者，自然必须提到乔布斯，他用一生彻底执行了极简主义，无论是他的生活还是他的产品都在传递这种生活方式。

乔布斯一生信仰“少即是多”，这一点精准体现在他生活与工作的方方面面。他家里几乎没有装修和家具，他也常只吃一种食物。

他的产品更是让我们印象深刻，品类极少，产品设计极简，却颠覆和改变了世界。

乔布斯，也是数十年来一套装束。

乔布斯是极简主义的狂热信徒。史卡利曾经去过当时不到 30 岁的乔布斯家，屋里只有一张爱因斯坦的照片、一盏 Tiffany 桌灯、一把椅子和一张床。他几乎没有什么家具，但是仅有的几项都是谨慎的选择。

我要从 7 个方面来讲解一下什么是极简主义生活。

1. 欲望极简

· 明白自己最想要的是什么，不受外界影响，不盲从追随热点，不跟风所谓潮流，不被大众欲望蒙蔽内心。

· 把全部精力投入到自己最想达成的目标上，用一生做好一件自己最想做的事。

2. 精神极简

· 知道自己最想做的 1 件至 3 件事情，并专注在它们身上，不对现实妥协，也不在意他人的打击，全身心去做你想做的事。

· 别浪费自己的时间与精力。和你想完成的梦想无关的事情可以全部拒绝。

3. 物质极简

· 养成定期扔东西的习惯。不用的物品、不再穿的衣服、无用的文件，整理出来，全扔了。

· 拒绝冲动消费。了解自己的欲望和需求后，不买不需要的物品。确有必要的物品，买最好的，充分使用它。

· 在完成前两步后，学会不囤东西，在经济许可下不用便宜货、次品。

· 用电脑、APP 写东西，少用纸，学会无纸办公，并巧用 APP。养成纸质文件扫描、存档的习惯。

· 必要时或看书时可以写字训练思维，但请用一支好用的钢笔，替代堆积如山的中性笔。

· 整合、精简电源线、充电设备。不重复购买电子产品，并定期整理电子文档，按个人习惯分类好。

· 减少出门装备，保留手机、钥匙、钱包即可，精简银行卡，仅一张借记卡、一张信用卡即可。

4. 信息极简

· 减少社交网络、即时通信使用频率，少看微博、朋友圈等社交网络。微博、公众号关注少而精，例如多关注“简族”这样的公众号。

· 定期远离互联网，远离手机，避免信息骚扰。手机卸载社交网络 APP，定期用电脑看微博、知乎、简书等社交媒体，并且对关注的媒体要学会精简。

· 不看综艺节目、各种烂片。

· 精简电子邮箱数量，删除无用 APP。尽量少接电话，通过邮件、即时通信同时处理事件，接电话会使你无法同步处理其他事情。

5. 表达极简

· 说话尽可能简单、直接、清楚，写东西也是如此，废话少说少写，精准表达想法。

· 多用名词、动词，少用形容词、副词。写作技巧有句名言，“副词是通往地狱的直通车”，表达也是如此。

6. 工作极简

· 学会时间规划与时间管理，拒绝拖延症。

· 及时清理电子邮件，及时回复即时消息，每天做一些基本数据总结。不要让它们堆积起来。

· 一次只专注做一件事，别相信自己可以一心多用，多事项进行时，学会做图表控制事项安排。

7. 生活极简

· 放弃无效社交。请相信我，无数社交都是没用的，提升自己的能力、实力、智商、情商是最好的社交手段。

· 锻炼身体。没有强壮的身体，根本无法抵抗诱惑，无法懂得极简主义的美好。

· 穿着简洁、不花哨。有自己的穿衣风格，如今极简主义设计的品牌还是蛮多的。

· 少吃含有添加剂的食品。喝白水和纯果汁，不喝碳酸饮料。

少即是多，最简单的往往是最难的。

极简主义生活方式会让一个人过得更为轻松，也更容易达成自己的目标，愿你能够执行它。

告别学生生涯，
时光会快到你拼了命也抓不住

高考结束的那晚，你在做什么？

不管有没有考好，不管是难受还是喜悦，总之，绝大多数人心里都是空落落的——

结束了？

你自然是清楚你人生的新阶段就此开启，但你不知，高考后的时光，会快到你拼了命也抓不住。

稍纵即逝，一不小心，你就彻底失去了你的青春。

1

小时候写作文时，大家都爱用“光阴似箭，岁月如梭，时光飞逝恍如白驹过隙”作为开头，满满的套路，不知道这些词代表

着什么，只知道这样写很漂亮。

我高中时是班上年龄最小的，如歌里唱的：“反正我花不完的就是年轻”。我过 16 岁生日时，趾高气扬对全世界宣布：“过了 18 岁就是老了！”

一眨眼，我快 24 岁了，我好像是老了很多吧。

你是不是在高考后有过很多假期计划，学乐器、学画画、旅行、吃遍所有美食等等，但最后，你又会发现，什么都没来得及做，就匆匆忙忙、懵懵懂懂闯入了大学？

我不是爱夸大其词去渲染高中生活多单纯美好的作者，渲染怀念的气氛、做失去后才追悔莫及的煽情是我擅长的事，但我几乎从不去如此描写。如果说给我个机会让我重返高中时光，我会斩钉截铁地说不——

你该往前看，过去并没有那么美好，只是因你不满当下又对未来很惶恐，才会任由回忆添油加醋、肆意杜撰与删改，把过去变成你臆想的美好场景。

有时候啊，回忆并不真实呢。

2

我读高中时正流行“伤痕青春文学”，每一本畅销书都是高中生们如何叛逆、如何精彩又如何悲惨的故事，读起来羡慕极了他们的生活，总觉得趴在书桌前一张又一张写卷子是浪费青春。

写不完的卷子，背不完的单词，做不完的题，考不完的试，补不完的课……

大多数人的青春都是如此度过，看起来苍白无力。我高中很长一段时间都痛恨应试教育，学韩寒，学李敖，想指点江山，想不可一世，夹杂着青春期特有的自信与自卑，以为自己什么都懂，又不敢承认——

除了说说、骂骂外，你依旧除了做题什么也不会。

提起高中，早操是大多数人都会提的。我总懒懒散散，不屑一顾，飘散到队伍后排，看隔壁班的漂亮女生也不敢搭讪。操场上响起熟悉的音乐时，我敷衍着动动手脚，不愿跳傻气的广播体操。每次跳完操，都是一群饿疯了的学生，欢呼雀跃冲向食堂买早点——

早自习实在太早了，起不来，来不及买早点。

去年，我大学毕业，回了趟高中，见了个比我小 5 岁的学妹。

坐在操场旁，我与她说起五六年前这所学校的光影，也没多少年，校园也翻天覆地，旧教学楼都拆除了，建了不少新楼，泥泞不堪的跑道也换成了塑胶跑道。

她的同班同学路过，看见我们，小女孩们和小男孩们都是八卦的眼神，我笑：多少年过去，高中生们其实本质是没有变化的，依旧会好奇，依旧会懵懂，也依旧会向往影视作品里所描述的一切。

也依旧会被高考所折磨，会为高考所担忧。

更不知，离开校园后的时光，会快到他们拼了命也抓不住。

3

我向来排斥回忆，更愿将精力聚焦在当下与未来，提起那段时光，我总想起那个自以为是的少年，他那么骄傲，那么年轻，也那么孤独无助，那么脆弱不堪。

想着想着，我就沉默了。

好像，我不是很对得起那个16岁的少年吧，所以这是我拒绝回忆的原因之一。如今拼了命努力，是因为16岁的少年赖在我心房里不肯走，指着我骂：你要是活成我讨厌的人，你要是不完成我的梦想，我会很鄙视你的！

16岁的我，我多想永远和你一样，哪怕无知可笑，哪怕幼稚脆弱，哪怕年少轻狂，哪怕受了些小挫折就夸大其词为“全世界都伤害了我”，但，我仍想像你一样活，不知天高地厚，永远天真善良。

以前，我嚷嚷着要夜不归宿、要独自旅行、要组乐队、要发表很多文章、要有个发声的平台、要出书……挺幸运，快24岁的我没太让你失望吧？我在一一实现。16岁的我，我虽老了很多啊，但终归还是在慢慢实现你的梦想。

人总是在转变，在实现年少轻狂的梦想同时，我会慢慢有更大更远的梦想，少年终究要变成青年，正如我不想让曾经的我失望一样，我更不想让未来的我对如今的我失望。

我对待高考的态度，再无以前那般抗拒与排斥，恐怕这是当时的我怎么也想不到的吧？那时的我更爱质疑，如今的我学会保持质疑但也选择相信。我开始慢慢相信精英主义，更认真地去理解和对待商业、科技与媒体，也慢慢懂得商业与科技是推动社会发展的根本因素，音乐、文学与电影是用来净化内心的。

告别学生生涯，时光会快到你拼了命也抓不住。不管你现在是多少岁，无论你在读初中、高中、大学，还是已步入社会，时光飞逝的速度会让你惶恐不安，而你，别再篡改回忆，往前看吧，用尽力气，抓住当下，别再让以后独留遗憾与追忆。

掌握这 4 种思维方式，你肯定比同龄人更成功

我们生活在前所未有的时代，它瞬息万变，一旦享受安乐，说不定下一个跌入深渊粉身碎骨的便会是你。

你，究竟该怎样活，才会有新的可能性？

这取决于你的思维方式。

1. 目标思维

目标感强烈的人，更容易实现目标。

这是很容易理解的逻辑，一个很清晰知道自己要什么并有强烈实现目标愿望的人，会想尽方法找到接近目标的方法，最终一步步执行，达到目标。

目标思维说的不是白日梦，每个人都有梦想，可空想从来不

是目标。躺在床上心想“我要成为亿万富翁”“我要拥有八块腹肌”“我要成为著作等身的作家”谁都会，但最终做到的没几个。

目标思维指的是：知道目标是什么，并为实现目标制定一系列的措施、时间节点，为了实现目标，无论发生什么困难，都不断坚持。

所以，目标思维更多是指一个人是否具有拆解目标的能力、执行计划的能力。

2. 自我价值思维

你为什么存在，你怎么证明自己存在?

你为什么是你，你与别人的差异在哪儿，你又如何证明你与别人不一样?

你活在这个世界上，能带来什么，能留下什么，你有没有想过你活着的意义?

以上问题都很宏大，无非都指向一个词：自我价值。

虽说人各有志，但若总是随波逐流活着，总是不为实现自我活着，所谓的追求“安稳”“平凡”倒不如说是一种逃避。

这里的自我价值，不是让你创作成为艺术家，也不是让你从商赚大钱，更不是让你从政改变世界，而是你要知道，你活在这个世界上的价值到底是什么，你要实现的自我价值是什么?

如果你要实现的自我价值是保护好你的家人，不是所谓的改变世界，那么，只要实现了，你也是一个伟大的人。

如果你要实现的自我价值是创造更好的作品，不关心儿女情长，那么，你也不必在意别人的眼光。

自我价值没有高贵低贱、容易困难之分，只看你“有没有”和“能不能实现”。

3. 交际思维

如今的时代是“酒香也怕巷子深”。

我是如此评价“人脉”的意义：人脉有没有用，体现在你的价值有多大。一个毫无价值的人，再怎么苦心经营人脉，都是没有用的，因为他无法给别人产生价值，并且他的初心也只是巴结他人提升自己。一个有价值的人，所经营的人脉才是有效的，只有相互提升，别人才会愿意与你交往。

在这里，我们先剔除那些“只肯经营人脉不肯花时间自我充电”的人，着重聊聊具备一定实力的人。

很多人，恃才傲物，在不经意间，得罪了无数本能成为朋友的人，破灭了无数本可变为机会的时机。

人必须要有交际思维，哪怕不从功利的角度去谈，从基本的为人处事来聊，我们也要具备交际思维，维护好身边人的关系，对你终归是百利无一害的。

4. 危机思维

“死于安乐”这句话不是没有道理的。

乐观主义不是“危机思维”的反义词，乐观主义是说在看见危机时依旧保持冷静找到解决方案，缺乏危机思维是始终看不见危险所在还一味自我安慰享受轻松。

人在险境中，反而会提高警惕，在舒适圈里，会放松警惕，若看见即将到来的暴风雨，不能提前做出防范措施，那么，先前建立的一切成就，都会在危机降临时荡然无存。

危机思维会让你始终保持警惕、冷静，在众人舒适时你崛起，在危机爆发时你存活，如此一来，笑到最后的人，自然会是你。

追求安稳不是错，我们耗尽精力所期待的，除去伟大的梦想外，不还有那一份安宁的小确幸吗？

所以，为了这份小确幸，你不能时时刻刻都躺在安稳的舒适区里。

如果你的思维模式已定型，如果你不具备更正确的思维方式，那份小确幸会离你越来越远。

以上 4 种思维方式，你掌握了吗？

跟关系越好的朋友合作，你越是要将钱谈清楚

钱，毁掉了多少段友情？

我们见惯了这样的创业故事：几个铁杆哥们儿共同创业，睡地板、吃泡面，经过无数个难熬的夜，流过无数次痛苦的泪，终于事业有成，却发现有人大赚，有人被洗地出门，最终上演一场撕逼大战。

人类的本性总是如此。

1

共苦易，同甘难，打江山易，守江山难。

所以，请牢记：跟关系越好的朋友合作，你越是要在最开始将钱谈清楚。

前段时间，有篇名为《就算老公一毛钱股份都没拿到，在我心里，他依然是最牛逼的创业者》的文章大火，大致讲述了她老公是初创团队成员，付出多年，除了一次分红外，都是死工资，现在公司起来了，却发现老公没有股份。

先不说这篇文章是对是错，仅从股份设计来说，有太多人被坑了。

我认识一个主管，他创业 3 年后选择老老实实回来上班，他不是创业失败，而是“创业成功”，可到最后，他没拿到什么钱，还被认识 20 年的发小开除了。

他是技术入股，在创业初期地位极其重要，就因为没在最开始谈好钱，在公司起来后，CEO 更愿意花钱给适合的技术专家来做 CTO，省钱省心，至于老朋友，给笔赔偿金打发得了。

“简直是在吃人血馒头！”该主管和我说这些事时，依旧双眼血红，青筋暴出。

虽然俞敏洪本人对《中国合伙人》的情节真实性表示反对，但他也赞同剧中台词：不要和最好的朋友一起创业。

别到最后，创业失败，还少了朋友，得不偿失。

2

为什么和关系越好的朋友共事，越是要在最开始把钱谈清楚?

第一，世界上为金钱破裂关系的大有人在，你别试图挑战。

前面说的几个案例只是冰山一角，历史上因为钱导致关系破碎的故事太多太多了。

你又想获取利益不当冤大头又想收获一份纯粹友谊，只有两个选择。第一是不找最好的朋友共事，第二是最开始就说清楚，亲兄弟明算账。

第二，一开始不说清楚，会为日后埋下巨大隐患。

《社交网络》里，马克·扎克伯格和埃德华多·萨瓦林的最后纷争大戏，都是源于起初的股份占比设计，埃德华多最终股份被稀释到惨淡也丝毫不知，扎克伯格也未在起初指出他的所作所为对公司并无实际贡献，造成了最终友情破裂。

跑题一下，《社交网络》是部好看的电影，但与现实几乎完全不一样，我要为我的偶像扎克伯格说句话，电影只是为了塑造某种人物形象，和真实的扎克伯格很不同。

第三，共同利益会让友情更升华，别总想着占便宜。

桃园三结义的故事代代相传，西游师徒五人去西方取经更是让人称赞，让他们之间情谊最后升华到神格的，不是最开始他们关系有多好，而是最终的志同道合。

这个志，这个道，便是共同利益，有人为名，有人为利，有人为情怀，无论为什么，最开始谈好最基础的钱，不让别人受损失，会让共同利益更可能实现。

友情会如此天长地久下去。

第四，害人之心不可有，防人之心不可无。

你不可以想着最开始用不透明信息去坑你的朋友，但是，你也不能一点防备之心都没有。马克思爷爷早就说过了，人在巨大利益面前会选择铤而走险，更何况毁灭一段友谊。

在共事前，把利益分配谈清楚，是对你的保护，也是最现实的一面。

3

说了那么多，并不是要说“钱比朋友重要”，恰恰相反，我想表达——

“朋友比钱重要。”

有长远眼光的人，从来不会因为短期利益而放弃更有价值的事物，例如情感。为钱背叛朋友和为钱跟不爱的人结婚一样，总是被人唾弃的，最终获得好结局的，总是寥寥无几。

真正有魅力的人，是不会让金钱这种东西破坏他与朋友的友谊的。

有些朋友，真的千金不换。

一定会毁掉你人生的10件事

过去一年里，我对谈了近百名年薪近百万元的成功人士，也因“裁员”话题采访过几十名被企业裁掉的员工。和这么多人交流后，我常在想一个问题：究竟是什么因素，让人与人之间的差距如此巨大?

能够举出来的因素，数不胜数。我翻阅了与这些人的采访笔记后，发现了一些共同点：很多人性与生俱来的缺陷，是人生必须要避开的事。

若避开，即使不成功，也会有幸福的平凡生活，要知道幸福本身就已超越奢侈。

若避不开，轻则穷困潦倒一生，重则无数灾难如影随形。会毁掉你人生的事情，有哪些呢?

1. 不知道自己想要什么

从来都不能确定自己真正想要什么的人，注定庸庸碌碌一生，甚至，潦草一生。我们能发现，但凡在某个领域获得极高成就的人，都是及早就知道自己想要什么的人。

生活从不该是及时行乐，“车到山前必有路”的另一层含义可能是“不见棺材不落泪”。

连自己最想要什么都不知道，你还怎么期待生活能给你什么精彩?

2. 眼高手低，说得好听，从不动手

我们常在小区楼下见到两个老头下棋，高谈世界政治局势，似乎全球领导人的战略他都了如指掌，实际上，真问起他专业知识，他一无所知。

眼高手低不是年轻人的专利，每个年代都有只说不做的人。如果你从年轻起便永远喊口号，却不肯做出实际举动，那么，你会在未来变成你最不喜欢的中年人和老年人。

别在一无是处后，再玻璃心大喊现实太残酷不能实现梦想，可能是你根本没有为梦想付出什么，配不上你口中的梦想罢了。

3. 急于听夸奖，拒绝听坏话

大多数成功的人，从不在意别人如何评价他的好与坏。他的眼光很远，只看得见常人连仰视也看不见的目标，至于现阶段的赞美和批评，根本算不上什么。

别总是等待别人取悦你，也别放低身段取悦别人换来称赞，更不要听到批评就愤怒反击，或者心灰意冷放弃。

他们的评价，无论赞美或辱骂，都是一时的，不要被冲昏了头，记住你的目标，坚持下去。

4. 否认甚至诋毁别人的成功

“瞧她那发嗲卖骚的样子，肯定是靠潜规则才爬到高管位置的！”

“他文笔那么差，肯定是会炒作，才那么红！”

“这个人不就是家里有点钱，又特别会讨好人吗？把他资源给我，我肯定更厉害！”

……

在生活中容易说出以上话语的人，多是混得很惨的人，才会如此义愤填膺。

只看得见他人不好的地方，不肯肯定他人优秀的部分，更不肯自己做出改变，你对他人成功的诋毁，象征你自身失败的灾难。

5. 拖延症

关于拖延，我写过不少文章。请相信我：拖延一定会毁掉你的。

别扬扬自得炫耀自己用最后一天完成的论文和别人花了一个月做的论文质量差不多，如果让你感到自豪的事情如此简单，你还能指望你自己能做多大的事情？

任何真正有成效的事情，都要靠大量时间不断修正，才能艳惊四座。

拖延症不是完美主义，是缺乏时间管理意识，浪费的大量时间，最终会让你变得极为平庸来偿还。

6. 爱指责别人

“早知道这样，就不让你帮忙了！”

“我早就说了吧，你看现在，早点听我的不就好了！”

“这样肯定不行，肯定不可能的！你居然不听我好意相劝，你这个人，死脑筋！”

“我是对的，你是错的！”

……

有些人的评论是评论，有些人的评论则是乱喷，脑子是个好东西，希望每个人都有。爱指责别人的人，下次请你开口前，掂量掂量自己有没有指责他人的斤两，不然，你真可能被当作笑话。

7. 态度消极，负能量极重

如果有一个人，不停在你耳边传播以下理论，请你一定要离他们远点——

“社会太不公了，我这么穷，肯定是制度的问题！”

“我的同事 / 上司 / 老师 / 同学 / 前任是傻子，他们可恶心可脑残了！”

“那么努力有什么用啊，还不是给有钱人打工！还不如瞎玩玩呢！”

“这事那么难，我为什么要做啊？好累啊，我不想做了！”

态度消极的人，生活不会给他积极的回应。

负能量爆棚的人，永远只能被阴暗面所笼罩。

8. 轻言放弃

轻言放弃的人，多半还有三分钟热血的习惯。

看了篇励志文章或者高燃电影，立刻决定洗心革面，好好做件大事。然而，任何让人赞叹的成果，往往过程都是极为枯燥和无聊的，甚至会有苦难和折磨。在面临挑战时，在身处折磨时，失败者首先想的不是如何解决问题，而是马上放弃。

那么容易放弃，又将困难夸大其词，如果成功者是这类人才叫不公平，所幸，这类人不会成功。

9. 推卸责任

爱推卸责任的人，还爱抢功。

在团队协作时，有什么轻松好做的事，抢着去做，把难的事情交给别人，当团队获得荣耀时，他第一个跳出来，抢功劳，当事情失败后，立刻装作没事儿，把责任全部推到别人身上。

这类人最大的特点就是：自私。

自私的人，不会有太多朋友，别忘了，当得罪人多了后，你落水后，不会有人来救。

10. 从每次机会中总会看到疑问

成功者的最大特质：在危机中，看见可能性，从而弯道超车。

比如说前两年是互联网行业资本寒冬，他们会如此思考：当所有企业都面临困难时，如果我找到解决方案，最后活下来的人会是我。

还有老生常谈的红利期。一件事情正处红利期时，没多少人能看到，红利期过去后，所有人都知道，失败者会嘲笑仍想踏入失去红利期领域的人，而成功者会这么想：既然失去了红利期，证明很多人准备撤退，并且，红利期之后是稳定期，我抓住机会，一定能行。

失败者会在机会来临时，这么想：会不会失败？这么做风险太大吧？我会不会不被支持？

我常说：追求不稳定，让不稳定变得稳定，才是真正的稳定。愿你能懂这句话的含义。

以上 10 件“危险”的事，你中了多少？

一定要避开人生中能够避开也必须避开的事情，当将这些恶劣行为保留到中年，那时你已经无法回头；当未来已经被毁灭时，你将无法挽救。愿亡羊后能及时补牢。

人生最无用的这 7 件事，会彻底摧毁你的幸福感

幸福是生活中最值得期盼的概念，我们却不懂得经营它，甚至做出可笑的行为，将幸福摧毁。

别做出令你后悔的行为，幸福可以很短暂，也可以永久，看你如何选择。

1. 犹豫：机会总在犹豫中逃走

当机会来临时，通常也会让你看见风险，很多人便犹豫不决：到底要不要做？于是，机会便在过多的思考中流逝了。

我们在犹豫中错过了多少呢？

这件衣服很好看，有些贵，等我有钱了一定来买。后来，你经过橱窗，你发现那件衣服下架了，狠下心走进店，心想一定要买下，结果店员说：限量款，不做了。

该不该跳槽，你想了很久，当你终于要迈出这一步时，结果HR表示该职位已经招到了合适人选，一打听，条件和你差不多，如果你早点下决定，就会是你了。

其实你不是看不见红利期，只是你更容易看见风险，所以，你在犹豫中，避开了风险，也避开了红利期。

2. 拖延：成功总在拖延中溜掉

拖延不等于犹豫，犹豫是二选一的挣扎，拖延是将到手的鸽子放飞。

本可中午完成的工作，硬是说没状态不想做，拖到晚上才开始动手。熬到深夜，你站在公司落地窗旁，拍了张城市夜景，发了条朋友圈说加班到现在好辛苦，你望着一排点赞，真感动到以为自己有多努力，却忘了你只是在拖延。

你有很多的计划，如果按照计划表来，能轻松完成你想写的小说、你想减下来的肥、你想学会的钢琴，可是，你总是想：时间还很多，我过一会儿再做也没事。

拖着拖着，最后赶进度也赶不完，于是，你在2017年年初发了条自嘲的微博：2017年的梦想是实现2016年定下的2015年目标。

3. 生气：别让情绪绑架了你

人在愤怒情绪下，不会有什么高质量工作成果和学习成效，在生活中，总是生气的人也不断会做出匪夷所思的事、说出难听的话。

你想要获得幸福？那么，少生气。为别人的错误生气，是蠢；为自己的错误生气，是傻。气愤而不作为，永远是无能的体现；气愤而伤害自己、伤害他人，永远是丑陋的行为。

别让情绪牵着你的鼻子走，控制好情绪，才能被人尊重。

4. 欺骗：听过《狼来了》的故事吗

撒一个谎，你要用无数个谎来圆，最后谎言被揭穿时，没人会站在你这边。谎言并不值得原谅，即使是所谓善意的谎言，也是罪恶。

欺骗是非常无用的一种行为，它不会帮你解决实质性问题，依靠欺骗挺过一关又一关的人，内心会极度恐慌，即使撒谎成性，即使面不改色，也会影响到撒谎者的生活质量。

谎言之所以要被严惩，是因为谎言的背后永远是伤害，而不是保护。

5. 熬夜：身体毁了什么都没了

我和朋友们聚会时，都有同样的感受：十七八岁时，熬几个通宵，睡一觉便好了，现在也才过了六七年，竟然熬几次夜身体便吃不消了，通一次宵基本要傻几天。

很多人说熬夜是为了完成工作，但根据我个人实验发现：早点起床接着工作效率会更高。我曾有个项目，我预计还需要 4 小时才能完工，此时已晚上 11 点半，截止时间为次日上午 10 点。我选择了熬夜做它，最后质量惨不忍睹。

后来隔了几个月，又有类似紧急事件出现，我选择倒头就睡，第二日凌晨 4 点半起床，虽说只睡了 5 小时，但思维明显更清晰，我在截止时间前半小时完成项目，质量得到了一致称赞。

别熬夜，真没什么好处。

6. 买醉：你是巨婴吗

失恋了要去喝个烂醉，倒在地上被人拖着走；丢工作了要去喝个烂醉，跑了数次卫生间吐得像个傻子。无论遇到什么不开心的事情，一定要去喝个大醉，最后像巨婴般被人照顾。

记住，酒是让人欢愉的，不是让人浇愁的，你喝那么多酒，也解决不了根本问题。一两次大醉便够了，别遇见什么就去喝个大的，除了给你带来更迟钝的大脑、更臃肿的身材、更糟糕的内脏，别无好处。

人要有担当，别现在流行自称“宝宝”，你就真把自己当宝宝了。

7. 滥交：请爱惜你的身体

我始终赞同：我们有控制自己身体的自由权，如果遇上喜欢的人，跟随身体的判断毫无问题。

有问题的是：滥交。

随随便便就上床什么的，你当真以为很爽吗？这种行为无法证明你是有魅力的人，只会让你显得更加廉价。你的身体很珍贵，别自己把自己变成了玩具。

别再犹豫，当机会在你面前时，抓住它；别再拖延，当计划制订出来后，执行它；别去生气，当情绪出现波动时，调整它；别去欺骗，当生活开了玩笑后，面对它；别总熬夜，当身体需要休息时，爱护它；别总买醉，当痛苦占据上风后，打败它；别去滥交，当欲望开始放肆时，克制它。

生活是每个人都要继续的，有的幸福，有的悲伤，当你告别无用的事情后，你自然配得上，最优雅的生活。

全身名牌便是贵族？不，你一说话就会暴露社会地位

若不是凤凰，请不要作妖。

有人问：为何很多人在学生时代看起来差距很小，一毕业就立刻出现社会分层？

1

其实，人与人的差距，在学生时期就很大了，源于格局、追求、能力和出身，只是，校园环境掩盖了残酷，让巨大差距变得微乎其微。

在大学，决定“阶级”的是：外貌、父母给的生活费、成绩。

L.P. 哈特利曾在小说《外貌公正》中讽刺过一个现象——

书中人对美貌皆有偏见，政府让整容外科医生矫正了人类的

外貌不平等，然而，并不是让每个人都变美，而是让所有人都相貌平庸，以达到公平，消除因外貌所带来的优势或歧视。

相信大多数人在校园时身边都发生过这样的事——

某个不好看的女孩，看见美女穿的衣服很漂亮，想尽办法买了件一模一样的，结果美女再也不穿那件衣服了，大家还笑她东施效颦。

2

颜值，成了校园时代决定受欢迎程度的关键要素。

而“父母给的生活费”这一项则更值得玩味，它隐约象征着出身，又不全是。

更吊诡的在于：本该是学生最重视的成绩，在多数大学生眼中不被重视。

这也使得不少真正的学霸，在大学时很不起眼，一毕业，就凭借极强专业素养，快速改变命运。

有趣的是，以上三点，到了社会上，对“阶级”的影响力变得渺小。

原因为：阶级，通常是最开始便固化了。

还有更残酷的，对多数人而言，一开口便会暴露社会阶层。

不少人羞于在公开场合说方言，越是穷苦出身越是胆怯，是因为他会担心别人瞧不起他是小地方来的，即使他人并不会在乎这样的细枝末节。

反而是小地方的有钱人，敢于说方言，但并不是社会阶层高，而是源于他们的自信。

我们更应该倡导这类自信：虽出身贫苦，但由于自身努力而饱读诗书、风度翩翩，在公开场合毫不忌讳用方言讨论家乡。

无关自信的是，开口暴露阶层，仍是不争的事实。

正如保罗·福塞尔在《格调——社会等级与生活品味》一书中，毫不留情指出——

“相貌、身高、胖瘦、衣着都是人们社会等级的特征。比如微笑，贫民妇女的微笑就要比中上层阶级妇女更频繁，嘴也咧得更大。”

我们便是活在这样的时代，想要快速提升素养、品位、财富都不算困难，真正难的，是那些根深蒂固的，那些与生俱来的。

3

所以，为什么说“你赚了很多钱、穿了一身品牌也不见得是名门”呢？

答案是：财富不是决定社会阶层的唯一标准。

英国记者乔治·奥威尔说：

“从经济上说，毫无疑问，只有两种等级，富人和穷人。

“但从社会角度看，有一整个由各种阶层组成的等级制度。每一个等级的成员从各自的童年时代习得的风范和传统不但大相径庭——这一点非常重要——而且，他们终其一生都很难改变这些东西。

“要从自己出身的等级逃离，从文化意义上讲，非常苦难。”

我们必须承认：社会阶层是近乎固化的，却也是流动的。

我们处在社会阶层可以快速流动的最后年代了，随着中国发展越来越迅速，阶级便会越来越固化，如今，靠知识、能力、努力、机遇改变命运的还大有人在，而未来，将会越来越少。

4

很遗憾，这是我们身处的现状，哪怕是小到说话的细节，都会残忍得被分为三六九等。

难道不是我们从小到大所遭受的待遇吗？

除去更现实意义的社会阶层外，每个人从出生起，便被划分等级，即使在所谓的纯洁校园里。

在学校，教师会因为你的成绩将你划分为优等生、中等生和差生，又会因为你的出身把你划分为需要特殊关照的和不需要关照、怎么骂都没事的。

在任何地方，你的长相也会被人划分等级，在社交媒体时代，甚至出现了打分制。

甚至在网络社区，都会有官方、管理员、特别照顾、大V、中V、小V、小透明这样的划分。

以上划分，都不残酷，回归到社会，用阶级来划分人群，成为不成文的规定，例如所谓的“文不及商，商不及政”。

相信每个人都能在这一点达成共识：虽说不一定要完全门当户对，有一些财富差距或颜值差距，还是可以结婚的，但是超出两个社会阶层的人，别说是婚姻，连朋友都不一定有机会去做。

除非你成为少数者，达成社会阶层的飞跃。

5

在揭开真实现状后，是不是就代表：既然阶层已经划分，那我们何苦要努力?

当然不是。

前面提到：我们活在能通过自身努力完成阶层改变的最后年代了。

我们必须正视这个现象——

一方面，社会等级符号在当今环境依然泛滥，即使由于某些不可言说的原因，让公开讨论社会阶层成为敏感且不友善的事。

另一方面，正是因为贫富悬殊，也使得部分高阶层人群拥有更高格局和视角，呼吁社会重心朝公平倾斜，才能让社会稳定。毕竟，连房子都住不上、连饭都吃不上了，谁还去谈“最优雅的生活”？所以，拨开云雾，终见明日，即使开口就暴露社会阶层，又有什么呢?

哪怕真到了阶层彻底固化的时代，也会有极少数人，成为飞跃者。

这 9 个小习惯，会让你成为最讨厌的人

坏习惯，会毁掉一个人，这句话一点也不夸张。

很多人嚣张道：“我活着就是为了让自己开心！”话虽没错，但为什么不可以做到让自己开心也让别人开心呢？

做一个受人尊重、喜爱的人，别让自己活得太狭隘，至少，从改掉令人厌恶的坏习惯做起。

1. 迟到

比约定时间早 5 ~ 10 分钟到是基本素养。

遇到例如堵车等突发情况，提前半小时告诉见面的人，给人一个“你会晚点来”的预期，不要等到迟到半小时了别人问起你才说。

总是迟到的人，会让人觉得他为人处事都不靠谱。

2. 打断别人说话

听别人把话说完再发表意见，是社交基本礼貌。

屡屡打断他人正在说的话，非常冒犯非常不尊重人，无论对方是谁，你都要做到耐心听完。自然，对方也许是个说话没重点的人，你可以选择少接触，可是，一旦进入对话状态，请不要做那个没素质的人。

除去一对一聊天，多人聊天时，也要记住不要轻易插话，强行打断别人对话。

真正会聊天的人，都是不轻易开口，开口后所有人都会认真聆听的。

3. 揭别人短处

永远别攻击别人最脆弱的地方，不要拿他人的生理缺陷来开玩笑，他们即使没有表现出生气，也不代表他们不在意。

你可以批评郭敬明的书、电影、价值观，但你绝不可以攻击他的身高：批判作品是言论自由，人身攻击是道德败坏。同理，嘲笑一个人胖、丑、出身穷，都是极度恶劣的行为。

4. 吹嘘自己

一个人厉不厉害，不是看他多能吹嘘，是看他到底能做什么。

很多人过于吹捧“人脉”的重要性，人脉是很重要，但人脉是建立在你对牛人有没有帮助的前提下。你自然可以很轻松认识一个厉害的人，但你若什么都不是，这人脉毫无用处。

吹嘘自己是没用的，把话题不断聚焦在自己身上是令人厌恶的，没人会喜欢永远只聊自己的人，你又不是超级偶像，没那么多人想了解你。

5. 总唱反调

虽说良药苦口，但问题是你说的不是良药而是剧毒啊。

是有多需要证明存在感，才需要靠不断发表相反意见才能释怀？唱反调和给建议是两回事，希望有些情商低的人能分清楚，你自然可以恶心到别人，但不代表别人必须迎合你，有朝一日你遭到反击时，会是毁灭性的。

6. 在背后说他人坏话

如果有谁在我面前不断骂其他人，他在我心目中的形象会大大减分。

我始终认为：发现一个人的闪光点比发现一个人的缺点更有意义。我们找其他人的毛病太容易，给出有效方法论却难，我们给别人指导建议容易，发现自己的问题更难，发现自己的问题容易，改正特别难。

在他人背后骂另外一个人太容易了，传到别人耳里更容易，到最后，爱说他人闲话的人，就会变成那个万人嫌。

7. 不断抱怨

人生已经如此艰难，有些事情就不要抱怨。

抱怨解决不了任何问题，没人有义务时时刻刻接受你的负能量。偶尔抱怨的确会发泄情绪，但经常抱怨一定是无能的体现。

出来玩，是让心情愉悦的，你不要破坏他人的情绪，听你倒苦水，一次两次就够了。

8. 说到不做到

我们在生活里常见到那些拍着胸脯说“这事交给我，我来做，你还不放心吗”的人，然后，他们把事搞砸了。又或者对方跟你保证明天这事能做完，结果拖了一星期进度条依旧没动。

时间很宝贵，信用很奢侈，说到不做到的人，让别人如何下次还相信你？无论是做人还是工作，没有信用，都堪比死刑。

9. 批评他人的喜好

有个词叫“鄙视链”，事实上，拿个人喜好去鄙视另一个人，是很 low 的行为。

假设，一个学历低、工作差、脾气差号称热爱经典名著的人，瞧不起另一名高学历、工作好、脾气好但最大爱好看咪蒙的人，你觉得一对比，谁会在生活中更被人尊重？你当真会觉得前者真的理解了那些经典名著？

爱好不等于技能，你喜欢什么不代表你会什么、你是什么，如果非要这么比，下次你出门便把历届诺贝尔奖、奥斯卡奖、格莱美奖标榜为个人喜好，你可以鄙视全球人了。

修养，永远体现在小细节中。

千万不要让不经意间展露的小习惯毁掉了你的人际关系，做一个被人喜欢的人，依旧是重要的事情。

杀不死你的房价、豪车，也未必能让你强大

20 岁便已老去的人不计其数，他们还是会热泪盈眶，却不是为诗与远方，而是为涨太快的房价和买不起的名牌而哭泣。

它们杀不死你，你也未必因其带来的苦恼而变得强大。往往，懦弱也不自知，胆怯尚无转变，丢了盔，弃了甲，失了魂，落了魄，庸庸碌碌，浑浑噩噩。比起什么都不知道的年纪，如今什么都只知道一点儿的你，还真的脆弱了不少。

房子，车子，牌子，血淋淋摆在你面前，你的心脏被割裂成无数碎片，长久得不到会让你变得麻木。

仍渴望，有朝一日，在海岸边，我们眺望星辰，会少一些虚妄之灾，聆听海浪声与虫鸣声，再来谈诗与远方，哪怕我们已白发苍苍，也能真诚说出：永远年轻，永远热泪盈眶。

少一些让我饱受折磨的苦难吧，我只想真实活着、丰满活着。

1

我想起高中时很喜欢过的一个青年女作家，她写起欲望所带来的刺痛，令我至今印象深刻。她总在微博提起那段时光，和男朋友在上海的雪夜里争吵，她冲没钱的男友吼：“老娘可是每天都有豪车接的人，他妈的为什么要跟你过这种苦日子！”他们吵了一整夜，捶打着，痛哭着，哭到嗓子哑了，也没能在ATM机里取出什么钱。

哦，想起来了，她描述的不是男朋友，是前男友。

一个“前”字，仿若展示了数不尽的残缺画面，你大可脑补残忍的情节，去叹息情到最终也无情。

我一直关注她的微博，看她写的书，终于她红了，微博有成百上千的转发，书销量好像也不错，编剧的电视剧也挺火，总之，不缺钱花了。

我偶尔会去翻一翻她以前的微博，多少有一些戾气，多少展露了心有不甘的愤怒。

好开心她红了，她有钱了，那种在雪夜里和心爱的人为了钱大吵大哭的日子，想起来都会觉得心酸。

她没有写那晚在ATM里最终没取出来钱后的事，他们吵完了，哭完了，然后呢？

然后，两人啜泣着相依偎并肩回家？回那个破旧的出租屋，或者还算温暖的宾馆？

然后，高富帅驾驶豪车而来，她坐上车，毫不犹豫离去，男孩听着引擎声握紧了拳头？

然后，吵到最后，和平分了手，背对背离去，强忍着眼泪也不回头看一眼？

无论“然后”如何，都杀不死我们，我们，也未必强大了。

没那么强大的我们，还苟延残喘活着，羡慕那些自由洒脱的人。

2

活得自由洒脱的人，不代表他们彻底消除了欲望，或许是早已看得通透，对拥有不抱渴望，才在世俗中大起大落，活得看似潇洒，细究下来，寒酸，落魄，潦倒，多是我们未看见的。

我不是拜金主义者，也不可避免渴望足够的金钱，因为它能给我带来我想要的舒适感，对于极度奢侈的生活，我尚未真正触及过，所以还不渴望。

注意，我说的是“尚未触及才不渴望”。

我深知欲望的可怕性，在拥有之后，哪里能会得到往常的生活？来到上海快两年后，我性情从易冲动变得过于冷静，离不开这座城市的塑造。

初来上海时，大部分周末我都不太敢外出。刚毕业的小白领，囊中羞涩，哪里敢陷在声色犬马中？在起初没什么朋友也没什么钱的日子里，我常去逛南京西路，去恒隆广场，去 ifc，望一望那些用一年薪水也买不起的牌子，心中激起某种渴望，逼迫自己去努力。

往后，我赚了些钱，收入成为典型的比上不足、比下有余群体，比一比同龄的多数旧友、同学，收入好像挺可观，比一比……省略号省略了太多比不了的人。

那些买不起的牌子，我也总算有买上一些单品的底气，有时，我也恶劣地想：倘若哪日真飞黄腾达，将它们一扫而空吧。

既然是恶劣，我自知要克制，我明白金钱对我的意义是什么，它不应该是用来炫耀，而是用来让自身更好。

要告诫自已，别陷入迷途。

3

陷入迷途的人，多半是无法知返了。

我在第一本书里，写过一篇小说，故事里，我对一个如同飞蛾扑火般的女孩说：我爱复杂的生活，却又想在其中遇见简单的人，直到很久后我才清楚这有多奢侈。不要试图去拉一个自愿陷入泥潭的人，你拯救不了，反而会被吞噬。我拉不动他了，别陷进去了，好自为之。

女孩望着灯红酒绿，想着不归途的浪子，说：简浅，你听说过飞蛾扑火的故事吗？

飞蛾扑火后，即使飞蛾未死，也早已被烧成了焦炭，坠落在肮脏的地面上，扭动丑陋的身躯，活下去，只是活着。

杀不死你的，可能已经摧毁了你最后的意志和尊严，但未必能让你强大。

我仅愿，时光别再和我开恶劣的玩笑，我想好好活着，让我好好活着，让那些也许我终其一生也得不到的房子、车子成为我会去想要的东西，而不是成为杀不死我又摧毁我意志的撒旦。

毕竟，我可不想，让爱我的姑娘，站在雪夜里，痛哭着与我争吵。

Chapter 7

你没坚持过，哪配得上成功

你有特别想活出的样子吗?

我在一步步活成我想成为的样子。

其实，我是一个蛮幸运的人，因为写文章，越来越多的人知道我、喜欢我。

我更欣慰的是，我好像影响了他们。我每天都在说：要奉行极简主义生活方式，学会热爱生活，学会用柔软抵抗坚硬，把生活过成诗，保持优雅的举止，打造坚强的心脏，不要抱怨，不要负能量，把全部的精力都投入在最喜欢的事情上。

我也曾沮丧过：我是不是怎样坚持，都不会改变我想改变的现状，都不会影响我想影响的人呢?

后来啊，我发现，我活成了我想要的样子，影响了身边很多人。我的大学同班同学S，她一直帮我无偿运营“简族”的其他平台，我每周丢一批文章和一堆图片给她，说一下我的要求，她立刻帮我执行，有时候我在想：我应该和她说很长很长的感谢的。

有一天晚上，S发微信给我，说：

大大，最开始想跟你一起做简族，因为觉得有趣，贪新鲜。后来不知怎么就喜欢上了运营，虽然只是皮毛。

大大，其实，我帮你是因为我想从你这儿偷师学艺，想多学点实战的东西，所以你不用觉得我帮了你很多忙，其实你让我做多了，也是在帮我，咱俩属于互帮互助。

大大，我知道你不轻易相信人，但是，请你相信我，在你需要帮忙的时候尽管开口，我会帮你，这话是真心的。我觉得你是个很棒的人。

我没想到，说出长感谢的会先是她，该这么感谢的，应该是我啊。那段时日，我确实忙得喘不过气，工作、项目、合作、写作压得我心力交瘁，她能帮我分担起其他平台的运营，我已无比感动……

我说——

我在工作状态真的是个苛刻到变态的家伙，说话会很直接，能接受的没有几个。大多数接触到我工作状态的人都会难以相信，和我平时的温柔一点也不像，然后就会受不了，接着就是分歧……我也习惯了他们的一一离开，不挽留也不批判。

就在前几天，S和我说，她去做新媒体运营了，她是这么说的——

你的人格魅力爆表，可能因为欣赏你吧，所以不会觉得你哪儿不好。幸好有你，我比别人更幸运地知道自己想做什么了，大大万岁。我之前那段时间过得特别苦，心里很苦，因为有了简族，才找到了方向，然后发现新媒体运营挺有意思的，我的心态才慢慢调整过来。

我笑着回复她——

其实你心态调整过来，我也什么都没帮，都是靠你自己慢慢恢复、慢慢成长的。所以再遇到艰苦的时光时，都要告诉自己，熬过去一定就是曙光！

我想起大学时期的我了，只有一腔孤勇，谁也影响不了，谁也改变不了，只知道埋头坚持，被很多人误解，被很多人嘲笑。

我没有想过，有一天，我真的能影响身边的人。

谁都有糟透了的时光，我经历过很多孤身一人的时光，从被孤独折磨到痛不欲生，到驾驭孤独、享受孤独、利用孤独的岁月完成一件件我想我完成的事，我好像用了很多年。

我在另一篇文章里写——

“如果不是那时候的坚持，如果那时我扛不住身边人的不理解，如果那时我被诸多嘲讽和打击所击倒，我也不会对得起以前的自己如此大言不惭道：我会发表很多很多作品、我长大一定能出书。”

我记得那时候的自己啊，我记得我曾说过的话啊，所以，一定要实现呢。人生最酷的事情，就是把曾经吹过的牛，一个个变成现实。

我对未来，都充满了期待，并且，永远不忘初心，永远如此努力，我知道，会有回报的，即使有时会觉得生活在深渊中，但终有一天，你会看见太阳。

我发现，我不是孤身一人了，有越来越多的人认可我，欣赏我的朋友也越来越多，我希望，他们提起我时是骄傲的，我也在努力做到我可以让他们为我骄傲。

我知道我特别想活出的样子是什么了。

我想活成这样——

我要时刻理性、克制地生活着，我要举止投足很温柔体贴，我更要一颗坚硬强大的内心，在看似冷漠的外表下包含比火还炙热的灵魂，流淌着不甘平庸要征服命运的血液，哪怕无人理解，也逆行而上，将想要完成的事拼了命一件件完成，即使路途坎坷充满荆棘，我也一路披荆斩棘，登上顶峰，再回头看，云淡风轻，我知道我要什么，我也会拥有我想要的。

我更知道，陪我一起往前走的，想和我一起看顶峰风景的，还有很多人。

我特别想活出的样子，便是如此，我也是这样活着。

即使梦想破碎了，你还是要坚持啊

方正去年刚从英国回来，回国后，在老家山东没待多久，家里给了他几十万元，他风风火火跑到上海创业，拉我入伙，将我美其名曰“技术合伙人”。

我贡献的技术不是写代码，当一个逆天的程序员，我贡献的技术是：写字。

他想开一家花店，O2O 模式，没有实体店，主营业务是花瓶，花是附属品。他找到一名马来西亚的画家设计了花瓶，又跑去江西景德镇挑最好的陶瓷，找最好的工匠，制造这些花瓶。

方正是从知乎找到我，又关注我公众号，再加上我个人微信。

他开口第一句是，“你好，看见你的文章我很喜欢，能和你聊一聊合作的事情吗”。

那段时日，找我打广告的人太多，我本以为他也是广告主之一，未料日后会与他彼此熟悉。他在微信和我说，他也在上海，希望能够当面聊。

我对见面之事格外谨慎，推托了几次后才前去赴约。

去年秋季，我在徐家汇工作，他提早订好港汇恒隆的一家餐厅，已等待我多时。我们聊了很长一段时间东野圭吾后，才进入正题。

他需要一个：写故事的人。

他在知乎看见我的简介是“我是写故事的人，活在故事里看故事”，他看完了我知乎所有答案，读完了我在公众号所有文章，认为我就是他要找的最后一个合伙人。

方正说，他在英国时就卖过花，找过几个英国主题的微博营销号推了他的卖花信息，情人节大赚特赚，虽然在中国大家对花、花瓶的需求没那么强烈，但他还是想将这个事业做起来。

我最初听起来，觉得很不靠谱，但我决定加入，因为他和我说他的花店不一样的地方——

在他的花店买花的人，可以得到一幅画，为她解忧。

他说：这么多人都有忧愁，无论男生和女生都有困惑，尤其在上海这种大都市。我想，我卖的不是花瓶，而是“解忧”。

不得不说，“解忧”这两个字打动我了。

他的理想是成为一个能帮无数人解决烦恼的伟大商人，我的理想是白天是CMO创造无数利润、晚上是高产作家感动无数读者，我们在“解忧”这一点上，达成了共识。

我们初步的计划是，我每个星期写一篇故事，围绕这个为人解忧的花店展开。他搭建好网站，在我的建议下，做了公众号，我也给了他一份营销号名单，从微博到公众号。

慢慢地，我们把这个花店定义为：只要在这家花店买花瓶的人，都能在网站或者公众号留下他的忧愁，他能得到一封我写的回信和一幅画，为他解忧。

第一篇故事我在结尾是这么写的——

“我明白这世上有太多的忧愁，它们像刺一般，刺在你心里最柔软的地方，刺到你血泪横飞，刺到你痛不欲生，泪水总会在漫无止境的夜里孤单流淌。

我也明白，这些忧愁，是不可以和恋人说，不可以和朋友说，更不可以和亲人说，有些话，只能与陌生人说。在这个日渐冷漠的世界里，忧愁仿佛成为羞耻，只能埋压在心里，任由它们生长为一根根刺。

踏入社会的你其实已不再是一张白纸，旧友的离开与不理解，新环境的难以适应与不易交流，都让你感到困惑，你越竭力擦去白纸染上的痕迹，却越是污迹满满。可是啊，为什么一定要是白纸呢，纸面上，也可以是灿烂的，多彩的，你可以拾起彩笔，将这些忧愁调色，精心绘上一幅画，让白纸成为绝世名作。

你是这般好的人，所以值得拥有这般美好的人生，我相信你，这段忧愁的岁月，你终归会走过去，至少，我还会陪着你。

刺会慢慢融化，融化为种子，开为灿烂的花。我会陪着你，听你的忧愁，为你解忧。”

我们还让那个马来西亚画家画了一幅画，女孩的泪水从脸上滑落，滴在刺上，刺渐渐开成了花，女孩也笑了。

半年前，我们总一起谈理想，他说他要将花店的影响力扩张到全国，他还有英国的朋友，在英国也可以做，我说我要写很多很多的书，希望能在 2016 年完成出书的梦想，也希望能为他的花店写一本书。

听上去，真美好，可惜，他的创业计划失败了。

方正的投资合伙人选择了撤资，他的资金也被他渐渐花完，最后一次见到他时，我们在新天地旁的一个小酒馆里，他满面愁容。

从最初的雄心壮志到如今的心冷如灰，隔了半年。

对想看励志故事的朋友说声抱歉，没能让你们看几个 90 后靠着情怀抢占市场创业成功的故事。

我给他写的故事，也只有一篇，至此结束。第一篇故事的女主人公人物性格是源于他的性格，他是一个希望看到人间真善美、喜欢世间小确幸的大男孩，他总是帮别人解忧，却掩藏自己的忧愁，感到压抑，可是他还是想让更多的人得到帮助。

方正的梦想和我的梦想，如出一辙，所以，这才是我明知这个项目失败率极高还是决定加入的原因。

他在英国有个女朋友，南方人，女孩的父母反对他们的恋情，因为女孩父母认为他的创业计划简直太不靠谱。方正毕业后回国，女孩还在英国，两人也争执不断。

方正找到我创业时，正是和女友将要分手的时候。

我记得那个夜晚，我们坐在静安的一家咖啡厅里，他翻着我写的故事，笑着说："我一定要将这个项目做起来，让他们瞧瞧。"

梦想真美好啊。

宣告失败后，我们就没有见过面了。

他失败后，我也陷入了低潮期，挣扎于是否跳槽，是委屈自己留下来还是洒脱决绝离开。那段时间，我低血糖频频复发，好几次站起来就差点儿晕倒，甚至差到写不出一个字来。

好在，我挺过去了。

我在 5 月跳了槽，同时也签约了第一本书，是本短篇故事集。在第一本书的修改期时，我想起了方正，将这个为人解忧的花店的概念贯穿整本书，最后，在书里，我和我为方正写的第一篇故事里的那个女孩将花店开起来了。

现实中完成不了的，就让我在故事里完成。

前几天，我给方正发微信，说：我的书 10 月份就要出版了，你在干什么，还在上海吗?

他还是一如往常地大笑，说：我现在在全国各地跑，我还是想当一个好的商人啊。

我告诉方正，我将他的创业概念写进了书里，他说：恭喜啊，你半年前和我说要出书的事情，真的被你实现了，我却还在奔波，总有一天，我也会实现我的理想。

我和他都是一样的人，对要做的事情，永远说：我会做到，我要做到，从不会说“我想”。

这是一个失败的创业故事。

可是，又怎样呢?

方正迈出了这一步，他到如今，也未放弃。

成功的定义只有一种吗？只有有钱有车有房才叫成功吗？方正的家庭，完全能给他车，给他房，给他很多钱，可是他啊，心中永远有一个为人解忧的梦。

为很多人解忧，就是他所理解的成功。

也是我所理解的成功，我会做到的，我们，都会做到的。

为何你不逃离 8 万元 1 平米的北上广，回到有车有房的小城生活？

中秋节在东北参加完婚礼后，我与旧友打车去机场。

车上，我们问起了当地房价，司机说，市中心顶多四五千一平米，偏一点的三四千。

稀松平常的一句话，差点儿动摇了我想在上海定居的决心，上海的房价，是众所周知的恐怖。我很多朋友毕了业就回了家，过得也挺滋润，我甚至会想——

家里多好啊，有车有房，几乎没有生活成本，哪里用得着像这样每分每秒都在拼命，也不知道能不能拼出个璀璨的未来。

我只是想了想，我摇了摇头，不让这种想法在我心里继续蔓延。

有个叫“逃离北上广”的活动，一时间成了现象级活动，引爆朋友圈，也引发无数后续讨论。

逃离三座城市，竟会引起共鸣，乃至发展成“病毒传播”？

在上海快两年多了，我没给自己留下太多休息的机会，即使是外出，也会随身带上 Mac 和 kindle，不愿耽搁计划内要完成的写作与阅读。

有时候，我也会有很多人羡慕，有人说：你总是在路上，马不停蹄，热血满满去实现自己一个又一个梦想。

我也习惯了高压快节奏的生活，总觉得，停下来一秒钟，就会被淘汰。

拼着拼着，拼出了一身毛病。最近几个月，连续好几次累得瘫倒在床上，心脏加速，听到任何声音都会慌张，我不断深呼吸，轻轻按摩心脏，一动不动半小时，才能慢慢恢复。

我的身体差到了出生 25 年来最糟糕的地步。

有那么一瞬间，我也想过放弃——

为什么要让自己那么累呢？

只是那么一瞬间动摇过，我不可能选择放弃，也不可能选择停下。

我时常问自己：为什么不去选择一种更为轻松的生活，要让自己一直那么辛苦？

其实，我是知道答案的。每个人有每个人最理想的活法，如果我们不能按照自己最爱的生活方式活下去，或多或少都有痛苦，甚至，倍感煎熬，生不如死。

有些人最理想的生活方式就是平平淡淡，吃好喝好一生平安，轻松安稳的生活对他来说最幸福，哪怕一生都碌碌无为、无名也无钱，如果非要让他拼命，去追求一个轰轰烈烈的未来，对他来说一定是种折磨。

他的理想生活是对的，不要逼他去改变。

我知道我最期待的生活是什么，很早我就说过：如果我的人生不能创造些什么，改变些什么，我只会觉得我白活了一场。

我也喜欢平淡的幸福，只是，我太清楚我的内心，如果要我一生都重复着相同的工作，过那种一眼就能看到头的人生，我会绝望到难以生活下去，如果我没法去做那么几件我自年幼起就想做的事，我会痛苦一辈子。

仅从这一点，我就不可能放弃，你也一样。

我在很多个瞬间，都想过放弃。

过大的压力，过快的节奏，过累的身体与大脑，都是坚持不下去的理由。我每次感到无比焦躁时，都在反复挣扎。

每一次，我都告诉自己：再撑一天，就一天，撑过这一天就放弃。

撑过一天后，再对自己说一样的话，一天又一天地死撑着。

我知道，人都会有热血沸腾的时期，耗光激情后，便会陷入低潮期；你所坚持的时期，能不能有所成效，就看低潮期你能不能继续坚持，能不能坚持到下一个热血沸腾的时期。

我总是在回顾我那几次爆发式获得成果的时间点，都有一个共同点：收获前的几个月，我都是每日在煎熬。

我想，这是我死撑着不肯放弃的重要原因之一。

承认自己想要放弃一点也不可耻，可耻的是你连一次坚持都没有，碰到了一次挫折就选择放弃，最后自怨自艾。

你要清楚你的坚持是为了什么，毫无意义的坚持真的是在浪费人生，如果当你发现你所坚持的只是别人为你设定好的人生，那么，这种坚持没有必要。

你要选择的是你想要过的人生，哪怕你的梦想是开一家最好吃的烧烤店，即使这家店只有十几平米，也是值得坚持的。不要过别人口中的人生，你要过的，一定是自己最期待最理想的生活。

只有这样，坚持才是有意义的。

这就是我不逃离 8 万元 1 平米的北上广回到有车有房的小城生活的原因。

如果遇到想要放弃的时刻，请想想那些经历过的时光，有多少是因为在做自己不热爱的事情而伤心欲绝的，你便会找到坚持的理由。

为了自己想要的生活，也要坚持。

你终归会看见坚持的成效，那一天，你会感谢你自己。

你为什么要做不喜欢的工作?

因为工作性质，我常与各式各样的人打交道，我采访过很多人，有保洁阿姨和维修师傅，有普通白领和房产销售员，也有歌手和画家，还有高管和创业者。

前面四种职业，我常听他们说：我不喜欢我的工作，我想辞职，又不知道辞职后做什么。

我开通了树洞邮箱后，也常看见有人问：我不喜欢我的工作啊，该怎么办?

该怎么办呢……我想，正确的说辞应该是这样的：首先你得分析清楚，自己为什么不喜欢现在的工作，然后，不要急着辞职，想想自身问题，至少把手头的工作做到最好，那时候辞职，也不迟。最重要的，跳槽要想清楚，千万不能伤了自己的职业规划，不能频繁跳槽，如果真的不喜欢，那也等一等，如果真的不能辞职，那就让自己喜欢上，做一行爱一行嘛。

以上那段话，是最正确、最理性的说辞，你问谁，最后基本都是这个答案：既然无法辞职，那就找到这份工作的乐趣。

我不是太激进的人，我也不是太温和的人，更不是什么中间派，给出这种中庸的答案，真的太容易。我本来想，要不就“做一行爱一行”这个观点展开吧，写一篇漂亮的鸡汤，最后煽情道，“人在改变世界前，先要改变自己。很多事情你不喜欢，是因为你不擅长，你感到厌烦，是因为你能力不够，所以，与其挣扎，与其痛苦，不如先充实自己，先看看你有什么是做得不好的，等到你变得真正强大时，你会发现：做什么都很容易。那时候，你也许会喜欢你本厌烦的工作了，加油，做一个更优秀的人。”

有时候，心灵鸡汤没有心灵砒霜管用，我们今天就来聊一聊——

你为什么工作？

我常说：只做自己喜欢的事，只和自己喜欢的人相处。

其实，我很难相信，在当代，还会出现厌烦一份工作而不能辞职的情况。

我相信你是厌烦了你的工作，但不能辞职的理由，其实大多数都是自己给自己找的借口。如果一个人，只是单纯不满现状又不肯付出实际行动，不肯努力，那么，即使跳槽了，换到别家公司，做另一份工作，最终的结果都是一样：你会厌烦那份工作，并且得不到能力的提升。

为什么工作？我不太喜欢举自己的例子，但这一次，还是以自己为例。

我在一家公司做产品运营时，采访过公司中的一名编外员工，是位维修师傅。

我必须要知道各个环节的人分别在做什么，并且存在什么问题，我才能将产品运营做出改善，在采访最后阶段，我问："你能无所顾忌在我这里说，我保证尽我所能帮到你。"

他说："可不可以给我们放天假？实在太累了。"

听完，我沉默了。

那句"可不可以给我们放天假？实在太累了"始终在我心里环绕，不断环绕，以至于我每次在提笔写些什么时，我总觉得良心深处有谁在吼叫，让我备受煎熬。

我帮不了他们，但我怎么也忘不了他说那句话时的表情与声音。而我做出的内容竟是一篇篇歌颂他们多么热爱这份工作的文章，我总在谴责自己：我在消费他们去达成 KPI，我从来就没有帮助过他们，只是在利用他们。

我最后离开了那家公司，卸载 APP 前，我看见人物内容里那栏上依旧写着"180 秒的短片，让你知道原来妆后的她们如此美"，我亲笔写下的文案，多讽刺。卸载时，我耳里环绕的还是那句："可不可以给我们放天假？实在太累了"。

我在离职前，挣扎了很久，其实有很多舍不得的因素在，但我最终还是选择辞职。当一份工作的三观与你本身的三观产生偏差时，你便不会再爱那份工作。

我知道，很多人因为种种原因不敢辞职，怕找不到下份工作，怕辞职带来断薪，怕家人反对自己辞职，怕这怕那，但对于我来说……做任何事，我必须要对得起我的初心，至少，我有我的底线，哪怕这些底线对于大多数人来说都觉得根本没什么，可我不能打破，这是我做人的原则。

那家公司没有错，我也没有错，只是我过不了我良心这关，所以我必须辞职。

我不知道别人为什么工作，我知道我为什么，我在跳槽时，选择新的公司和工作时，我不断告诉自己：必须同时满足三个条件才可以入职。这三个条件是——

第一，自己喜欢的事；第二，符合自己的职业发展；第三，工作性质不违背自己的初心。

最后，我现在做的工作，的确也满足以上三个条件，会让我很享受这份工作，并且，更加努力。

同样，我不知道你为什么工作，我更不知道你为何会做自己不喜欢的事，如果问我该不该辞职，我只能说：很抱歉，我没有权利给你建议，替你做出选择，只会说——

记住，这辈子那么短，不做喜欢的事多难受。更重要的是，对得起你的初心。

教你如何成为受欢迎的人

你要记住：刻薄的人，从不会受欢迎。

在做到人的基本素养后，做一个有修养、有学识、有品位的人，你会更受欢迎。

有个主持人曾在节目上如此点评一位穿汉服的选手，他说——

“这是朝鲜服吗？哪个洗浴中心的？”

他太刻薄，甚至将刻薄当作幽默。

我在生活中遇见过很多刻薄的人，说起话来完全不考虑对方的感受，非要以自己那套衡量标准来判断好坏，末了还要补上几句刺耳的话。时间一长，没多少人会愿意与这类人长期对话，他们还要骂：一点都不懂得包容我。

如果你想要受欢迎，首先从做到不刻薄、会说话开始，“得理不饶人”从来都不是褒义词。

同样是面对穿汉服的选手，董卿在《中国诗词大会》上的表现显得可爱多了，她在评委点评完后，称赞选手道：“这衣服真好看。”

难怪董卿能够做到十几年来都担任春晚主持人。

在青歌赛中，一对羌族兄弟的演唱得分很高，素质考核却为零分，两兄弟非常尴尬。

董卿临时说：“就像来自深山的选手不了解外面的世界一样，我们对他们民族的文化也未必知道。我现场替他们给评委和观众们出一个题，请问佩戴在兄弟俩脖子上的这个银制的小壶是干什么用的？”

无数人争着回答，答案五花八门，都觉得有什么特殊的纪念意义。

由于这个环节是董卿临时加的，董卿自然不会真选哪个评委当面回答，要让比赛按时推进，董卿让选手公布答案。

选手说：那是我们进山打猎时用来装油和盐的。

董卿的做法，维护了选手的尊严，又没挑战评委的权威，更活跃了现场气氛，增加了节目可看性。

如果你在生活中是这样的人，会不受欢迎吗？

如何成为一个受欢迎的人？看看李健吧。

在一次杂志拍摄现场，李健受邀带着他心爱的吉他前来拍摄，拍照的十几分钟里，他抱起吉他，认真弹奏，像是参加一场庄重的仪式，他进入了忘我的世界，灯光和拍摄都无法影响到他弹琴，那瞬间，摄影棚的所有人都被吸引住了。

李健很尊重他人的想法，不会干涉摄影师的拍照过程，在拍完看照片时，他也不会点评摄影师拍得怎么样，只是说：“都行，只要不翻白眼就行。”

全场人都被他一本正经说笑话的样子逗乐了。

才华横溢、气质出众、待人和善的人，怎么会不受欢迎？更何况，李健还是个非常有文化底蕴的人。

在前几年的《我是歌手》节目中，很多人都对李健的家印象深刻，一点也不豪华，屋内最多的物件是书。李健在采访过程中，谈起书与唱片如数家珍，每本经典书籍、唱片他拿出来，都能讲出文化背景和作者特质。

将生活过成诗，指的就是李健吧。

李健说过很多有哲理的话，例如——

“这个时代不容易让真正出类拔萃的人湮没掉，反而是可上可下的人，机遇对他们很重要。”“生活是孤独的，孤独导致幻想。”“你做的很多事情在当时看来是没用的，但它像精灵一样，潜伏在某处，在你需要之时，它会出现、成长，然后帮助你。”

生活中如果能有这样的朋友，实在是幸中之幸。

很难有人不会喜欢李健，即使在《我是歌手》后爆红，他也没有膨胀，结束比赛后，依旧过着低调内敛的生活，活在诗里。

世界是繁杂的，甚至有很多阴暗面，无论你怎么做，都会有人歪曲、误解你，即使如此，你也不能从此丢弃掉向往美好的初心。他人怎样肮脏丑恶，与你无关，你要做的，是回归极简的本性生活，做更好的人。

摒弃掉恶习，做更好的人，自然就会成为更受欢迎的人，像李健那样，不追求世间浮华，只求内心至简的诗意，不迷恋名利场的游戏，最终获得万千宠爱。

我很忙，没时间和心情很差的你聊聊

我现在最怕收到的微信莫过于：能和我聊聊天吗？

我最近把微信名改成“简浅被捉走写稿子了”，除了自嘲拖欠了太多约稿未能完成外，还想表达的一件事就是：我很忙，我也不喜欢聊天。

谁都会有心情差的时候，我也一样，只是，请不要将你的负面情绪影响到他人的正常生活，这是基本礼仪问题。试想，当你忙得不可开交之际，有个人在你面前不断倾泻负面情绪，你会怎么想？

一个人若总是无法靠自身排解负面情绪，总是要选择依靠他人，又有何勇气去面对人生的难？

我曾经也是心情很差时到处找人聊聊的人。

大学时，有次失恋，我每晚都去喝酒，再打电话给各种朋友诉苦，后来有个朋友不留情面挂了电话，表示“我要准备托福考试，不能总是陪你聊天”。

我在网上经常看到这样的言论——

“这是个人人只考虑自己的年代，没人会真正关心你。每个人都有自己要忙的事情，忙着考研，忙着工作，忙这忙那，谁会顾虑到你的心情？没人再会去陪你散步、逛街和聊天了，没办法，人都很自私。”

以上言论，真像个巨婴。

是不是让你的朋友放弃追求陪着你一块儿心情很差，才叫作朋友呢？什么时候选择将精力放在提升自己成了自私？

我最要好的几个朋友，都是以事业为重的类型，忙起来都没空接电话、回微信。每次见面，我们都会喜笑颜开，不会诉说过得有多累，因为我们互相明白，我们都过得太累了，如果难得轻松的时刻去大倒苦水，是件多么无趣的事。

人自然会需要安慰。当平日里正能量满满的朋友们，有一天突然和我说“我好累”或者“我很失落”时，我愿意去聆听。即使我在忙没来得及回复，他们也都会理解，当我需要他们时，他们也会及时出现。

偶尔需要聊聊，才是“聊一聊”的真正用处。

如果一遇见什么事，就要找人聊一聊换取宽慰，只能说：你太闲了。

当我最忙碌时，哪怕心情再糟糕，都不会选取“聊天”这种极度浪费时间的方式来调整自己。更多时候，我会发现，人真的忙碌到一定程度或者真的非常知道自己要什么时，根本不会出现所谓的“情绪低落”。

总是会情绪低落的人，总是没办法排解的人，只能说：太脆弱了。

谁都想有一个时时刻刻照顾自己玻璃心的人，但你终归要懂得去照顾别人，你不能永远像个几岁小朋友一样，哭哭泣泣，寻求安慰，寻求照顾。

小时候，你会埋怨父母忙工作不来安慰你，难道你要在长大后再去埋怨你的朋友忙工作不来安慰你吗？

当一个人过了 18 岁后，可以用着网络流行语说“宝宝心里苦，宝宝要说”，但不要真把自己当成了宝宝，让所有人来顾及你的情绪。

我不喜欢巨婴，更不喜欢浪费时间的巨婴。成天到晚虚度光阴，不分白天夜晚四处找人说，“我心情很差，想要个知心姐姐、知心哥哥陪我聊聊”，不知道耽误别人时间是件非常可耻的事情吗？

当大部分时间都乐观、独立、强大的人心情低落时，想要找人聊一聊，是值得去关心的。当大部分时间都心情很差用去聊一聊的人，不是不值得关心，是关心的方式得换成——

你该长大了，别活成一个巨婴。

抱歉，我很忙，没时间和心情很差的你聊一聊。

没人会想和总是浪费时间总是心情差的人做朋友。

人生会有低谷，更有很多挫折，穿越荆棘时难免会流血流泪，经历暴雨后难免会惹上风寒。和你并肩同行的人，流着同样的血与泪，有着同样的痛和累，你为何总是要做那个被照顾的人，为何不能看见别人一样身心俱疲，一样伤痕累累？

那些陪你聊一聊能让你笑一笑的人，经历过你无法想象的痛楚与绝望。

我一直在传达善良、温暖、真诚、美好的极简主义生活方式，是为了让你知道：和自己对话，才会真正成长，才会回归到你想要的简单生活。

你终有一天也会忙碌起来，却不失向往简单的心，那个时候，再回想曾经需要找人聊一聊的你，你会羞红了脸。

不怕你不努力，最怕你假装努力还自我感动

情商最低的表现不是说话难听，而是在无数人面前营造出一副自己非常努力的模样，回到家中，倒头大睡消磨光阴。

我们有无数种活法，不一定非要在惨烈竞争中拼出个你死我活，将努力变了味道。如果你选择平淡的人生，那就去选择，不要担心别人嘲笑你，若为了他人的评价，为自己打造一副精英的皮囊，风起时首先倒下的便是你这堵纸糊的墙。

还有一点，我也希望你能了解：真正拼了命努力的人，从来不会拿努力作为个人标签前来标榜。他们的心中，只有他们的目标，至于他人的评价，如过眼云烟。

我想起我读高中时，班上有个非常努力的女孩，早自习最早来，晚自习最晚走，上课时如同面临千军万马般严肃，挺直了背，

目不转睛盯着老师，眉头紧锁，手中的笔在纸面上哗哗哗滑动。

所有人都知道，她特别努力，即使是下课时间，她也紧紧把握，问成绩好的同学或者老师问题。

可她的成绩波动却很大，有时候很好，有时候很差，久而久之，我们发现，她成绩的高低取决于每次考试她旁边坐的人的水平。

如此努力的学生，竟没有相匹配的实力，考试得分全靠抄袭?得知此事后，不少人都觉得好笑：她态度不端正？不，她刻苦的样子谁都看得见，写作文也句句政治正确。她不够聪明，所以导致怎么努力也提升不了成绩?

其实都不是，她只是在假装很努力。在中学时代，努力学习的模样是不可以质疑的真理，老师们也会当众表扬，那些不努力的学生自然是老师冷嘲热讽的常客，她希望得到尊重，所以要表现得很努力。

早自习最早来，背书时心不在焉，晚自习最晚走，却没有做多少题，上课时神情严肃，笔记不停记，可也只是浮于表面，根本没有去理解。

为了得到所谓尊严的假努力，只会失去尊严。

我喜欢真正努力的人，他们的日常生活，也精彩万分。

有朋友是职业画家，每天 10 小时花在绘画上，收入也只有普通白领的水平，可我爱极了和他交谈。衡量一个人是否努力不能用金钱来评断，而是用他所创造的价值。他的画作水平越来越高，也得了不少奖项，只可惜纯艺术在国内尚且能欣赏的人依旧很少，业内的小有名气不足以让他大富大贵。

每隔一段时间，他也会放下画笔，给自己几天思考的时间，也许是看书，可能是练字，又或者是和二三好友去茶馆小聚。

我没有他的勇气，能在浮躁时代中如诗般优雅活着，对物质的要求是只需养活自己即可，只追求技艺上的不断突破，实在是让人佩服。

人活一生，活法千姿百态，你真不必为别人的眼光活下去。

问清楚你想要的是什么，按照你所期待的生活，活下去就好。如果你所期待的生活，必须要求你非常努力，那你绝不可以放松，拼了命也要实现你心底的声音，若你做不到，不要总是痴心妄想，更不要抱怨，最最可怕的是你在众人面前装出一副拼尽气力的模样，独处时像一摊烂泥赖在那儿偷懒，最后过不上想要的生活时，听别人安慰几句："没关系，好歹你努力过了嘛。"

有多心酸，只有你自己知道。

你可以没有高学历，也可以没有高收入，也不用非要和别人一样多才多艺，幸福的标准从来都没有统一答案，追寻你想要的，即可。

若你想要的，只是他人夸赞你很努力，很遗憾，你会终其一生也得不到你想要的，你比谁都清楚：你根本没那么努力。

时日一长，会有越来越多的人知道你只是假装很努力，碍于情面不去揭穿你。你最终活在了自己和他人共同编织的谎言里，潦草一生，荒诞一生。

一生那么漫长，那么短暂，你何苦活成了谎言，活成了笑话？

其实你熬的每次夜、加的每次班，不是努力而是浪费生命

我见过一个每晚都发朋友圈说“加班好辛苦，我收获了很多”的姑娘，加了一年班，而她的绩效被打了 C。

姑娘愤愤不平道：“我熬了那么多次夜、加了那么多次班，为公司付出那么多，上司她是没良心吧！居然敢给我绩效打这么低，我要辞职！”

别人辞职到下家公司去都是升职涨薪，她成功做到了从月薪 4500 变成了月薪 4000，不出意外，她依旧很努力地加班，却又换来了被辞退的结局。

她无比丧气，问我：“你不是常和年薪几十万的人打交道吗，他们加班吗？”

成功人士们都很拼，一周工作六七十个小时的大有人在，但

姑娘没搞懂一件事：有效的高强度工作是提升，无效的加班熬夜是在浪费自己的青春和浪费公司的资源。

1

去年 11 月时，我去杭州采访过一个前端工程师，他是学设计出身，工作 1 年后，在 7 年前转行做技术。

他刚做前端时，完全不懂怎么做，之后他找来公司正在使用的平台源码，用 3 个月时间抄完 8 万行代码，一行行抄，一行行去理解。

8 年前他月薪 2000，如今年薪 50 万。

这类逆袭的真实故事我本可以说出几十个来，再告诉大家：人不应该局限于出身，要学会努力和拼搏，扛住压力，不断钻研，一定会有回报的。

我认真想了想，努力是没错的，哪怕方向错了，真正用心去努力也会有所收获，只是走了些弯路，不幸在于：很多人的努力，都是假装在努力。

知乎上有个答案说得很好：所谓的情商低，便是在他人面前装得很努力很奋斗，私下时懒惰。

如我开头所提到的姑娘，她的加班、她的熬夜感动了自己，恶心了别人，浪费了无数时间，对工作进度没有一点推进，对自身能力没有一丝成长，这样的加班熬夜，只是在掩饰内心不安去换取他人的同情。

事实上，绝大多数人都无法做到“一天高效工作 8 小时”。你可以回想一下，无论是学习还是听课，你每天坐在那儿十几个小时，真正有效的时间有多少？

做无效举动、看社交网络、发呆、聊天……

很遗憾，你的加班熬夜仅仅体现了你的低效率，你并不是在努力。

2

如今我更看重两个字：有效。

我们总是在不断强调“人生规划”、“时间管理”和“总结反思”有多重要，原因在于：无论是规划管理还是总结反思，它们都是在帮助我们更加有效去完成一件件事情。

很多人说：我想要自由，讨厌被管得死死的。

事实是：唯有自律，才能换取真正的自由。

我常举这样一个例子：你理解的自由是走遍世界，如果你想攀上险峰或者潜入深海，绝不是凭心情就能做到的，你要有健康的身体和专业的指导，如果你不自律去锻炼去学习，你就根本做不到你所谓的自由。

不少人认为：晚上 11 点睡、早上 7 点起，把时间精确到小时来完成计划的生活太无聊，想做什么就做什么的人生才有趣。

那些早睡早起精准规划的人，真正做到了想做什么就做什么。他们跨越过山和大海，走遍无数国家，品过无数美食，见过各式各样有趣的人，还成就了自己的事业。

这类人都有一个共同特点：自律。

他们不会经常熬夜，一旦需要他们高强度工作时，他们可以连续几周不休假，不完成目标不罢休。

重要在于：他们工作中的每小时，都是有效的。

3

你熬的每次夜、加的每次班，不是努力而是浪费时间。

时间永远是最公平的，你的所作所为都会在时光的流逝中被记录，最后在你身上产生质变。

如果你无所事事，你会庸庸碌碌；如果你懒散度日，你会普普通通；如果你将装出来的努力标榜为真正的奋斗，你换取到的只会是朋友圈的点赞，可你，活不出你朋友圈的模样。

扔掉所有无效的，将时间真正利用起来，多出来的光阴，你再去思考怎么使用，才称得上是努力。跟效率做朋友，会让你过上真正想要的生活，而不是虚荣心作祟靠伪装换来的赞扬。

坚持做一件事 1000 天是怎样一种体验？

我坚持写字有 3 年多了，超过 1000 天。

任何事情，只要不断去做，便能得到成效。如果你非得说这句话是鸡汤的话，我也只能说：嗯，你放弃努力吧，你这辈子也获得不了你想要的东西。

坚持和努力从来都不是鸡汤，不断坚持和不断努力的确不一定能获得成功，但它们是获得成功的基本要素。

关于写作，很多人问我：怎么才能发表作品？怎么才能出书？

我该怎么回答呢？

希望你记住：任何事情，你都不要本末倒置，在你急于想要获得什么之前，先问问自己做得够不够多，写得够不够好。

你写了多少东西？有 100 万字吗？你认真分析过多少部经典电影？有 1000 部吗？你做了多少本读书笔记？有 100 本吗？

如果你没有付出大量时间练习，也没有思考过任何优化自身，问谁都没有用。

我记得去年我刚大学毕业时，在来上海工作前，我回家收拾东西，翻出一堆手稿，是我从小学到高中十余年的“作品”。我边看边笑，不停拍照发给朋友，里面的内容惨不忍睹，我自愧当初写下那么多黑历史般的文字，但也庆幸，我一直保持写作的习惯至今，我还是能骄傲地说：我爱写作。

记得有个我喜欢的编剧大致这么写过：编剧是一种身份，作家是一种境界，做编剧你成为这行业里的一员就是了，作家呢，出了书就叫作家吗？

我是赞同的。身边朋友有时候开玩笑时，都喊我作家，“作家”这个词，不是想用就能用的，很多出了书的人，都只能被称之为“作者”或者“写手”。

不管是作者还是写手吧，我们都是默默在为写作奋斗，至少，还有个梦。

我算是比较幸运的人，在大学前从来没尝试过投稿，只写过几个不成样的短篇，却一直做着作家梦，现在完成了一系列计划后，再回过头看看，我想对当初的自己还有现在所有想投身写作的人说一句话：别想，去写。

虽然我的专业化、定量化写作训练是最近 3 年才有的事，但爱写东西，是我从小到大都在做的事情。

我始终相信，一件事情能不能做好、能不能做成，坚持和天赋是同等重要的。有时候，天赋的确更重要一些，但天底下的天才永远就那么几个。

你真的努力去做了吗？在你还没做得足够多之前，先闭上嘴，少说，多做，别想，去写。

大二上学期我遭遇了对当时的我来说很大的挫败，那时我看不见希望，也不知道能做什么，一天醒来，突然有个画面在我脑里疯狂涌动，我把这个画面写成了文字，又变成了小说，我很享受那个感觉，即使并不是部好小说。

郭沫若说过——

别把创作冲动误以为创作才华。

但，创作冲动也是我写作的动力之一，完成作品的成就感，无所形容，那种幸福感，相信每个写作者都能有所共鸣。

我重拾了写作，并且靠写作赢得了很多人的尊重。大二下学期我便创办了独立杂志，虽然一期纸质版后便宣告无力支撑下去，后来我写了很多短篇投稿，只有少数被刊发出来，但那也是付出了莫大的努力。

为了锻炼自己能养成定期写作的习惯，我还签约了某网站写了两本网文，不过这两本网络小说是我的创作黑历史，已经和网站在洽谈后删除了。

总之，读大学的那段时间，我能靠写稿赚上每月的生活费，在身边人看来，已属不易。

我自然是不满足的。我希望自己写得能更好，我希望自己的文字有更大的提升，我仍在努力。

毕业后来到上海工作，初到上海，一切都显得无比忙碌，一周只有一天休息。我会在下班后，利用晚上的时间看很多很多东西——小说、散文、电影、文献、工具书，依旧保持写作的习惯。

即使是周末，我也会只休息半天，再用上一天时间来大量读书、写作，剩下的半天去上海四处走走，观察各类人事物，在心里尝试描写它。

我之前和编辑聊天，聊到现如今纸媒的不景气。他是个很有情怀的人，发来了好几大段话，他想让看似黄昏的纸媒行业有新的生命力，规划好的专栏，做好的纸媒。

在最开始做报纸专栏时，因为理解的不同，我的文风和专栏并不对应，他也依然每次发一大段一大段字过来，认真与我一起讨论方向和修改内容。他是个认真的人，我也是认真的人，能一直写下去，很幸福。

有很多朋友给我发私信，问我写作方面的经验。我其实也很惶恐，只是刚刚起步，算不上摸到门道，又怎敢随便指导别人，只能说：多看，多写，多思考，多总结。

多看，多写，多思考，多总结。

这也是我对自己的要求，我希望我能一直写下去，哪怕没有获得真正意义上的成功又能怎样呢？把写作当成一种爱好，有人爱抽烟，有人爱打游戏，有人爱唱K，有人爱打球，世上爱好那么多，并不是所有爱好必须成为职业，坚持写作，是一种很有趣的爱好。

有趣，是很难得的体验。我当然会一直写下去，这世界上有趣的东西很多，能取悦自己的却不多，我会坚持。我对未来，仍然是乐观的，无论是写专栏、写影评还是写小说，我都会写下去，只要我喜欢。

切记不要为了功利写自己不喜欢的东西，那会毁了你热爱写作的体验。

任何事情，要想有成效，都要一丝不苟地做下去，10天，100天，1000天，坚持到底，才能看得见自己的进步，不要总想着一飞冲天，成功向来是水到渠成的事。

如果你非得和我举什么走捷径也能成功的例子来偷换概念，我也只能说：你和那些把“努力”看成“鸡汤”的人一样，永远活在自己狭窄的世界里，不肯做出改变，用各式各样的理由去回绝所有可能性，到头来，你依旧一步都没迈出去。

当你把一件事情坚持了1000天，你的内心，早已无比强大，你的世界，也会迎来更多的可能性。至少，对于我来说，一件事专心做了1000天，根本不够，我会永远坚持，不理会任何打击和嘲讽，永远，如此。

你没坚持过，哪配得上成功

世上的确有很多不公平。

你看见了不公平，你连挑战的心都没有了，甘心过上平庸的生活，用生锈的脑袋，想肤浅的话题，说无聊的话，做无趣的事，整个人生都变得枯燥。

最后，你哭着喊着，说：太不公平了，为什么我要过这种糟透的生活?

你没有为你热爱的事情付出过巨大心血，你没有为你憧憬的梦想坚持过很长时间，你甚至连大道理都没听过多少，就伪装成文艺青年，说：我听过很多道理，依旧过不好我这一生。

你没才没钱不努力不坚持，当然过不好你这一生。

我听过太多人的抱怨了。

你会说——

“我想当一名钢琴家，但是现实不允许。”

现实是你只是觉得好玩时才去碰一碰琴，没有每天都固定时间练习，也没有认真思索过怎么提高琴技，你花在睡觉、唠嗑、看八卦的时间是你练琴时间的数倍，然后你说：现实真残忍，不给我当钢琴家的机会。

你也会说——

“我要当一个作家，可是现实是没人愿意发表我的作品。”

现实是你在各大社交网络找成名作者发私信：怎么投稿怎么开专栏怎么出书。可你没有坚持过每天阅读、每天写字，电脑里永远是写到一半的开头，压根没多少完成品，你总是在所谓灵感来了时敲敲键盘，然后没有了然后，你错将创作冲动当作了创作才能，几年下来也没写多少字，最后你说：现实真残忍，没人赏识你的才华。

你还想当舞蹈家，可你一个月连两次舞都跳不到，你还想做设计师，可你一个月连 10 小时创作时间都没有，你更想创业当个大佬，可你连最基本的常识都不懂。

你从未为你的梦想付出过什么，坚持过什么，你怎么配得上成功?

你会翻阅着各式各样的网络文章，然后，不屑道——

“不都是鸡汤吗？没有干货。”

我丢给你一本专业书籍，满满干货，你接过书，看了几眼，没有耐心，说——

“我要看重点，有没有什么捷径，可以速成啊？”

你成天成夜地去要书单，却从来没有把书买回来过，你买回来的书也都只翻了几页就束之高阁，紧接着，你一遍又一遍地循环，要着所谓的建议，看着所谓的真理，别说一年，连一个星期甚至更短你都坚持不下来。

我所认识的每一个在自己领域里有所成就的人，都会在自己所喜欢的事情上一直坚持着，每一天都不会停止，音乐人每天都要练琴五六个小时甚至十几个小时，会规定自己一个月做一首歌，不断挑战自己，作者会无论如何每天固定产出几千字，阅读大量书籍，不断创作新作品。

他们日复一日，年复一年，最后，他们轻而易举就能做出你绞尽脑汁也完成不了的作品。

实力的差距就在坚持上体现了。

他们从没有抱怨过什么，也没有选择放弃，他们最开始与你没有什么不同，只是比你多坚持了几年罢了。

而你，还在天天抱怨着世界不公平，四处讨教着经验、痛骂着鸡汤看不下去，最后，一事无成。

你哪里配得上“成功”这两个字啊，你连坚持都做不到。

如果你非要问我捷径是什么，我仍然会告诉你：日复一日地坚持。

你可以选择不坚持，你可以认定坚持是不会成功的，因为你的路是你选的。我只能说：如果你真的甘心活得一辈子平庸，你放弃坚持吧。

因为你配不上成功。

后记 我所追求的不朽

《山丘》里唱：还未如愿见着不朽，就把自己先搞丢。

我总在想我写作的意义是什么，我所追求的不朽是什么，想了很多年，我也给了自己很多热血沸腾的答案，很多晦涩难懂的解释，如今想想，都不对。

我们活在一个无比浮躁的时代里，稍不注意，便会弄丢了自己。

写作对于我来说，不再是证明自己的手段，我想它是我与生俱来的朋友，什么都没有时，我还能靠写作，创造一整个世界。

1

记得一年前，凌晨两点，我做出一些痛苦的决定，没人能理解，我苦笑，说：我不需要任何人理解，理解是虚妄，了解是灾难。

坐在我对面的人说："出书本该是我 20 岁就完成的事，我把它拖了太久，如果这一次我再不抓住机会，我会永远看不起自己。”

其实，我好像一直活得这么倔强，时常沉默，满脑子不被人理解的想法，咬着牙，硬着头皮，一步步往前走，走了很多年。

走得满心疲惫，走得头破血流，有时候，我望身边无人，也难忍孤独，心想：要不，就这么放弃了吧？

我怎么能放弃？

在无数人都开始用跪下换取收获时，在所有人都选择用妥协面对现实时，我还是要守护我心里绝不可以被人弄脏的地方，我还是希望我是那个少年，燃烧着血液，一步步往山顶上爬。

所以，我怎么能放弃？

我想我是靠写作得到了自我救赎。

很多人以为，写作是一件浪漫的事情。其实没错，写作很浪漫，所以无数人被它浪漫的外表所吸引，投身其中，然后，伤痕累累，吓得四处逃窜。

它没那么容易。写作是看似没有门槛实则门槛很高的一门手艺，不是靠一腔热血便能艳惊四座。写了这么多年，我越来越清楚，如果你懂写作，你会是个孤独的人。

写作永远是一个人的事，即使它也会有与人讨论、与人分析的阶段，可是，你要完成一篇文章，写完一本书，无论你与多少人讨论过，无论你听了多少人的分析，最后，还是要你坐下来，一个字一个字地写。

你会再多的技巧，都逃不掉一个字一个字地写。

我终于，写了几百篇文章，写了几百万字，终于，写了一本书，我知道，未来我会写几千篇文章，写几千万字，写几十本书。

我更知道，我生活在数十万、数百万拥有写作才华的人的国度，无论我写多少，我终归会被残忍地淘汰，会被飞速地遗忘。

这是绝大多数写作者都逃离不了的宿命，除了金字塔尖最勤奋的几个天才外，我们绝大多数写作者，写作实力成长的速度永远追不上读者阅读水准提升的速度。

就像我们 6 岁时只看得懂删减版的童话，16 岁也能勉勉强强读懂《红楼梦》的奥妙所在，26 岁时不会再看中学时读的那些青春爱情小说。而一名作者，他不可能只用 10 年时间，从写小故事进阶到写下世界名著，这是无数作者穷极一生都没办法做到的事。

既然如此残酷，那我为什么还是要写呢？

2

我为什么要写？

起初，我是用它来宣泄苦恼，来记录生活，后来，我以为它是帮助我证明自己的方式，之后，我认为写作可以帮助很多人，我要用我的方式影响更多人，影响那些比我年纪轻的朋友，接着，把世界变得更好。

最后，我发现，我为以上所有原因写，我也不为任何原因写。

如果每一件事情都要找到原因，那么，我们本疲惫不堪的生活又该被多少沉重的枷锁所困住？总要有一些热爱的事情，不为任何原因而做，只为自己想做而做。

所以，我还在写，后来，我发现，我还是影响了很多人。

我再看身边，猛然发现，我不再是孤身一人了，一群人，站在我身旁，想和我一起，眺望山顶，我们都渴望知道，站到顶峰上，到底会看见怎样的风景。

我总记得大约两年前，我在朋友的宿舍里，大言不惭道："你们一定要等着，我的书会出版的，到时候你们都要买，买十本。"

一眨眼，两年过去了，我终究在磕磕绊绊中，把那时候年少气盛吹下的牛给实现了。我忽然想起，第一次萌发要出一本书的念头，好像是10年前，我还是初中生，拿着几本厚厚的笔记本，一笔一画写着文章，想象着书店里摆满了我的书。

离书店里摆满我的书，应该还有很远的路要走。没关系，那就走下去吧。

你问我累吗，我真的蛮累的。

大学时，我下了课，便跑回宿舍，疯狂地写，我能听得见，有人进进出出时故意发出的嘲笑：哟，写书啊？我也能听得见，朋友真诚的祝福，他们说：你快点出书啊，出书了我买十本。

后来，我拿了稿费，开了专栏，发表文章的平台越来越大，从无人知晓的小网站写到了人人皆知的大报纸，嘲笑声总算少了些，我也越来越疲惫。

再后来，机缘巧合下做了自媒体，慢慢地也有了几万关注，越写，越害怕，怕自己说错了话，误导了年龄比较小的朋友，我每天都在自我反省：不可以写出三观不正的文章来。

真的，越写越累，越累越写，我知道，我这么累是为了什么。

我期望我技巧出众，一出手便在字里行间不断炫技，击溃众多同行，我又愿我深情满满，写下的每句话都能让人感动让人振奋，帮助诸多朋友。我还会看很多同龄人的作品，心想，他们为什么和我差不多岁数，却比我写得好那么多，能够赢得那么多关注，于是，我继续拼了命地学，拼了命地写。

很长的一段日子，我让自己过得太累。上班时，我期望自己是工作质量最高的那个人，所以不断给自己设置更高的要求，下班后，我期望自己是写作实力最强的那个人，所以继续给自己提出更大的训练，总之，我期望自己是最好的那个人。

我会在地铁上有灵感了写，也会在睡到一半有思路了爬起来写，甚至在出了车祸，手缝了七八针后仍不依不饶地写。

还好，命运待我不薄，再回过头看，我好像把一年前的目标都实现了，我也终于对得起 14 岁那个趴在教室桌子里写写画画的男孩了，对得起 22 岁在宿舍里不知天高地厚说会写到比谁都好的少年了。

3

还是写得不够好。

我是有自知之明的，我知道我一直在进步，我也知道，我还是写得不够好。我只是庆幸，自己够坚持，扛住那么多嘲笑与谩骂，一直写下去；我更加庆幸，自己够幸运，那么多老师、前辈愿意给我机会给我平台，让我实现我心中的那个梦。

我会对自己写下的字更苛刻，我出的前几本书，会有很多不如人意的地方，但终归是我给自己的一个交代，我一定要做完所有我想做的事，我不知道别人为什么而活，我知道我为什么而活，我活着，就是要把脑海里的梦一个个成真。

我一直是这么告诉自己的——

如果你不喜欢我的一篇文章，我接着写，写到第十篇，写到第一百篇，如果你还是不喜欢，我只能说很遗憾，可是我不会放弃。如果你不喜欢我的第一本书，我依旧接着写，第二本、第三本……第十本，我不是为了你喜不喜欢而写，我是为了我必须要实现的理想而写。

当然，我还是很希望……

很希望你喜欢它啊。

我会写下去，我也需要你的支持，需要你们的支持，让我知道，我的坚持不是毫无意义的，我等着呢，等着和你们，一起走上顶峰，看一看，那风景，到底有什么不同。